MÉMOIRE EXPLICATIF

DU ZODIAQUE

CHRONOLOGIQUE ET MYTHOLOGIQUE.

MÉMOIRE EXPLICATIF

DU ZODIAQUE

CHRONOLOGIQUE ET MYTHOLOGIQUE;

Ouvrage contenant le Tableau comparatif des Maisons de la Lune chez les différens Peuples de l'Orient, et celui des plus anciennes observations qui s'y lient, d'après les Egyptiens, les Chinois, les Perses, les Arabes, les Chaldéens et les Calendriers grecs;

Par DUPUIS.

A PARIS,

Chez Courcier; Imprimeur - Libraire pour les Mathématiques, quai des Augustins, n° 57.

AN 1806.

EXPLICATION

DU ZODIAQUE

CHRONOLOGIQUE ET MYTHOLOGIQUE.

L E Zodiaque que nous donnons aujourd'hui au public, et dont nous expliquons ici les diverses parties, en indiquant l'usage qu'on en peut faire pour l'étude de la Chronologie et de la Mythologie, est un ouvrage absolument neuf, qui manquait à la science de l'antiquité ; il a pour base principale l'Astronomie des Orientaux et la précession des équinoxes et des solstices ; en conséquence, il suppose, de la part du lecteur, quelques notions, au moins élémentaires, dans cette partie des connaissances humaines. Voilà pourquoi nous n'entrerons pas dans les explications de détail sur la sphère. Cependant, comme cet ouvrage est fait moins pour les astronomes que pour les gens de lettres, nous donnerons à notre théorie plus de développement que si nous n'écrivions que pour les astronomes.

Tout le monde connaît la division qui a été faite du cercle que paraît décrire le Soleil durant sa révolution annuelle à travers les divers points fixes ou étoiles semées sur une bande circulaire de 17° environ de largeur, qu'on nomme *Zodiaque*. On l'a partagée en douze parties égales, chacune de 30°, qu'on appelle ordi-

A

nairement *Signes* ; parcequ'à chacune fut affectée une image
sous laquelle furent groupées les diverses étoiles que comprenait
cette division. Originairement cette image était véritablement un
signe (1) ou une indication des phénomènes célestes ou terrestres,
et des opérations agricoles qui avaient tous les ans lieu, quand
le Soleil se trouvait dans une de ces divisions [*a*]. C'était une
espèce de calendrier pittoresque, dont les rapports avec les choses
indiquées ont changé après un certain laps de temps, par l'effet
d'un mouvement rétrograde et d'un déplacement lent dont nous
parlerons bientôt, et dont nous avons parlé plus au long dans notre
Mémoire sur l'origine du Zodiaque (2) et des Constellations.

On a donné encore d'autres noms à ces divisions (3); les uns les
ont appelées des maisons, des demeures du Soleil, des hôtelleries,
des forts, des tours, etc.

On fit pour la Lune ce qu'on avait fait pour le Soleil ; on lui
assigna aussi ses demeures, ses maisons; mais on en porta le nombre
tantôt à 27, tantôt à 28, nombre à peu près égal à celui des jours
qu'elle met à achever sa révolution, ou à revenir au même point
du ciel, à la même étoile, d'où elle était partie au commencement du mois. La Lune s'avançant chaque jour d'environ 13°
dans sa carrière, chaque jour elle fixait dans les cieux les divisions de son mouvement périodique pendant le mois. Chacune
de ces divisions eut son nom, et fut souvent désignée par un
symbole particulier, comme on le voit dans ce tableau. Les
Persans les appellent des *Kordehs*; les Arabes, des *Maisons*, des
Stations; les Chinois, des *Sou*; les Indiens, des *Natchtras* ou
Natchtrons [*b*].

Ce sont ces maisons lunaires, dont les noms se trouvent dans
les livres d'Astronomie de différens peuples de l'Orient, que nous
avons réunies dans un seul tableau comparatif, afin d'obtenir des
résultats que l'on verra bientôt.

---

(1) *Varro de ling. latin.* , lib. 6.
(2) Origine des Cultes, tom. 3 in-4°, pag. 324, etc.
(3) *Ibid.* , pag. 17.

Nous avons mis au centre du tableau le Soleil, qu'entoure un cercle représentant l'orbite de la Terre, centre elle-même de l'orbite de la Lune. Plus loin, nous avons tracé un cercle qui embrasse ceux-ci, et que nous avons divisé en 28 parties ou cases d'un égal nombre de degrés; ce sont les Kordehs des Persans; chacun est sous son numéro et sous son nom. Le point initial de la division est sur le colure ou sur la ligne horizontale qui représente la section du plan de l'écliptique par un des colures, et qui passe d'un côté par la tête du Bélier, et de l'autre par les pieds de la Vierge. Nous l'avons marqué de la lettre *A*.

La seconde bande circulaire, qui entoure celle-ci, et qui est cotée *B*, contient les 28 stations de la Lune, avec les noms que leur donnent les Arabes, et les étoiles qui sont comprises dans chaque station.

La troisième ceinture ou bande circulaire, cotée *C*, renferme les 28 *Sou* des Chinois, avec leurs noms, et les étoiles qu'ils contiennent. On y a marqué aussi les caractères des sept planètes distribuées dans les 28 *Sou*, suivant l'ordre qu'elles ont dans la semaine, dont chacun des jours fut consacré à une planète, par les raisons que nous avons données ailleurs (1).

Nous avons aussi indiqué dans plusieurs *Sou*, certaines désignations que leur donnent les Chinois, telles que la *Corne*, le *Trono céleste*, le *Char du ciel*, le *Grand feu*, la *Barque*, le *Passage de rivière*, le *Palais céleste*; on les trouve sous les nos 1, 3, 4, 5, 6, 7, 8, 13.

La quatrième bande circulaire, cotée *D*, la plus large de toutes contient les 27 Natchtrons [c] des Indiens, avec leurs noms et les variantes, les étoiles qui appartiennent à chaque Natchtron, les divers emblèmes qui les désignent, avec les quadrupèdes, les oiseaux et les plantes qui leur sont affectés, et avec le caractère de *bon* ou de *mauvais* qu'on donne à chaque Natchtron.

La cinquième bande, marquée *E*, est divisée en douze par-

(1) Origine des Cultes, tom. 3, part. 2, pag. 309.

ties chacune de 30°. Elle contient les noms des mois indiens, avec leurs variantes et leurs altérations.

La sixième et dernière bande, qui embrasse toutes les autres, également divisée en douze parties, contient les noms des mois chinois et égyptiens qui correspondent à ceux des Indiens. On verra bientôt l'usage que nous en ferons.

Tous ces divers systèmes lunaires sont renfermés dans un cercle gradué et divisé en douze grandes parties ou signes. Ce sont les douze signes du Zodiaque avec leurs images, et avec les caractères abrégés des planètes qui ont leur domicile dans chaque signe. Nous y avons joint les noms de chacun de ces signes chez les Indiens.

Nous passons maintenant aux résultats que nous donne ce tableau comparatif.

On remarque d'abord, que ces divers systèmes lunaires, tirés de l'Astronomie de différens peuples, s'accordent tous à placer dans les cases correspondantes à-peu-près les mêmes étoiles. Il suffit, pour s'en assurer, de comparer les étoiles désignées dans la même case de la division de chaque peuple.

On remarque aussi qu'ils ont pris tous, excepté les Chinois, les mêmes étoiles, pour point initial de la division, savoir, celles de la tête du Bélier.

Les Chinois, au contraire, ont fixé le point initial dans la partie du ciel diamétralement opposée, vers les pieds de la Vierge et près l'Epi. Cette différence, qui n'influe en rien sur la correspondance des cases, et qui ne tombe que sur les numéros, vient peut-être de ce que les uns ont pris pour point initial le lieu de la nouvelle Lune, et les autres celui de la pleine Lune, ou que les uns ont commencé la division par le solstice d'été, et les autres par le solstice d'hiver, ou bien encore les uns par l'équinoxe du printemps, et les autres par celui d'automne. Du reste tout s'accorde et correspond, et l'Epi, par exemple, qui est dans la première case de la division chinoise, se trouve dans la quatorzième des divisions indienne, arabe et persane, c'est-à-dire, dans la case diamétralement opposée, ou dans celle où était le solstice d'hiver quand le solstice d'été se trouvait près l'Epi. La correspondance des étoiles des cases est absolument la même; il n'y a de différente que la correspondance numérique.

On remarque quelquefois de l'analogie entre les noms des diverses maisons chez les différens peuples. Ainsi *Pié*, qui est le dix-neuvième *Sou* chinois, correspond au quatrième kordeh persan, qui s'appelle *Pehé*, et qui renferme les mêmes étoiles; ce sont les *Hyades*.

La quinzième maison de la division chinoise s'appelle *Quei*, dont la prononciation s'éloigne peu de *Keht*, qui lui correspond chez les Persans, et qui est le vingt-septième kordeh.

Les Chinois appellent leur première constellation lunaire *Kio* ou la *Corne*, et les autres divisions arabe, persane, indienne commencent aussi par une *Corne*, par celle du Bélier, opposée à Kio ou au premier *Sou* chinois, etc.

On reconnaît aisément, dans la dix-septième maison lunaire de la division des Arabes, Al-Kesil ou Kelil, qui comprend les étoiles du Scorpion [*d*], la constellation Kesil du livre de Job, qui lui oppose Alkima ou les Pléiades, astres de l'équinoxe de printemps quand le Scorpion répondait à l'équinoxe d'automne, comme dans le monument de Mithra; ce sont les constellations *Fang* et *Mao* de la division chinoise; les unes sont les étoiles du front du Scorpion, et les autres les Pléiades, appelées aussi *Althorayœ* par les Arabes.

Une remarque qui s'applique particulièrement aux Chinois, c'est la correspondance de chaque planète avec les mêmes jours du mois et avec les mêmes constellations, ensorte que le dimanche, par exemple, se trouve toujours répondre aux constellations *Mao*, *Sing*, *Fang* et *Hiu*, et ainsi des autres. On donna même, dit le père Gaubil (1), à chaque jour du mois le nom d'une des vingt-huit constellations; le mois lunaire se trouva donc divisé en quatre

_____

(1) Souciet, tom. 2, pag. 126 et 136.

parties égales par la semaine, qui ne divise pas de même également nos mois de 3o et 31 jours.

La première partie de la division (1) s'appela l'*arc supérieur.* Une observation qui peut nous conduire à l'époque à laquelle cette distribution planétaire fut admise à la Chine, c'est de voir que les quatre constellations affectées au dimanche ou au Soleil, sont celles où l'on fixait les quatre points de partage dans la division de l'année solaire sous *Yao*, c'est-à-dire le commencement de chaque saison, quatre points où le calendrier d'Yao fixe le lieu des colures. Il est assez naturel de penser que les Chinois donnant au Soleil, dans leur calendrier, la prééminence qu'il a sur les planètes, l'auront primitivement mis à la tête de chaque division de l'année par saisons et de la période hebdomadaire : ainsi le jour du Soleil fut placé, soit dans la constellation *Mao*, parceque l'équinoxe de printemps s'y trouvait, soit dans la constellation *Hiu*, parceque, sous *Yao*, c'était là qu'arrivait le solstice d'hiver, époque à laquelle les Chinois commençaient leur année (2); car tout est symétrique dans ce système.

Cette période planétaire, que l'on croit être une invention des Egyptiens, se retrouve chez les Indiens, chez les Siamois et chez beaucoup d'autres peuples de l'Orient; elle a passé plus tard dans l'Occident et dans le Nord. Le premier acte de Constantin, après sa conversion, fut de faire disparaître ces traces du paganisme (3). Il fit substituer au *lunæ dies* et au *martis dies*, etc., *feria prima, feria secunda*, ou *primedi*, *duodi*, etc. L'Église a conservé pour elle ces nouvelles dénominations, et proscrit de son calendrier le nom des planètes; le nom de *dies solis*, ou jour du Soleil, est long-temps resté au dimanche chez certains écrivains.

Si nous jetons un coup-d'œil sur le système des maisons lunaires chez les Indiens, il ne nous sera pas difficile d'appercevoir d'après quels principes il a été composé, et quelles conséquences on peut en tirer.

---

(1) Souciet, tom. 2, part. 2, pag. 6.
(2) *Idem*, *ibid.*, pag. 6, 64, 138.
(3) Mich. Glyc., annot., part. 4, p. 248.

On remarquera d'abord, que plusieurs des animaux soit quadrupèdes, soit oiseaux, affectés à tel ou tel natchtron, sont des paranatellons ou des constellations soit zodiacales, soit extra-zodiacales, qui se lient à ce natchtron, soit par leur lever, soit par leur coucher, soit par leur passage au méridien supérieur, et conséquemment, que beaucoup d'images célestes qui sont dans nos sphères existaient déjà dans les sphères orientales d'où ce système lunaire est emprunté, et qu'au lieu de nommer les étoiles, on a nommé les animaux ou les parties d'animaux célestes qui fixaient les limites des maisons lunaires.

Ainsi, le Cheval est affecté au premier natchtron [e], parceque le cheval du Centaure, placé sous la Balance, se lève en aspect avec ce natchtron, ou qu'il est son paranatellon. Persée, qui monte avec lui, porte aussi le nom d'Eques; peut-être aussi est-ce le *Pégase*; car Achilles Tatius (1) nous dit que lorsque le Soleil entre au Bélier (c'est le premier natchtron), Pégase ou le Cheval céleste le précède.

Au troisième natchtron, *Cartigué*, on affecte la Chèvre. Cette constellation est effectivement placée sur le troisième natchtron, ou sur les Pléiades, dans les bras du Cocher. Nous la trouvons aussi là dans le Zodiaque de Dendra, accolée avec le Chien céleste (2), comme nous l'avons remarqué dans nos Observations sur ce Zodiaque [f].

Au coucher du quatrième natchtron, *Rohini*, se lève le serpent du Serpentaire, que nous trouvons dans le Zodiaque de Dendra et dans celui de Kirker, comme paranatellon du Taureau. On verra que c'est la Couleuvre qui est affectée à ce natchtron dans notre Tableau.

Sous le sixième natchtron, qui répond aux Gémeaux, on a casé le Chien, parceque le grand Chien passe au méridien avec ce natchtron, et détermine par là dans les cieux sa position. Le

---

(1) Uranol. Pétav., tom. 3, chap. 37, pag. 93.
(2) Observat. sur le Zodiaque de Dendra, revue philosophique, mois de mai 1806.

Loup, appelé *Tigre* dans les sphères orientales (1), fixe aussi par son passage au méridien, celui du quatorzième natchtron. On a affecté le Tigre à ce natchtron; il se lie aussi au seizième natchtron, par un autre aspect.

On a affecté la Biche au dix-septième natchtron, qui répond aux premières étoiles du Scorpion. C'est le coucher de Cassiopée, à la place de laquelle les sphères orientales peignaient une *Biche*. C'est même par là que nous avons expliqué le quatrième travail d'Hercule, ou sa victoire sur la *biche* aux pieds d'airain; ce travail, dans notre explication, dont ceci est une confirmation, tombe également sous le Scorpion (2) comme ici. Firmicus nomme le *Cerf* (3), qu'il donne pour paranatellon aux Poissons. La sphère barbare y met Cassiopée.

Sous le dix-neuvième natchtron, qui répond au Sagittaire, on a placé une chienne; c'est Procyon, ou le petit Chien, qui se couche au lever de ce natchtron. C'est aussi par cet aspect que nous avons expliqué, dans nos Observations sur le Zodiaque de Dendra, la face de chien unie à celle d'homme, et donnée au Sagittaire dans ce monument astrologique. Firmicus, d'ailleurs, place *in parte sinistrâ Sagittarii*, *Canem* (4).

C'est ainsi qu'il met le Scorpion entre le Renard et le Cynocéphale, tel qu'il est placé dans le Zodiaque de Dendra.

Sous les natchtrons 23 et 25 on trouve le Lion et la Lionne. Ces natchtrons sont compris dans la constellation du Verseau, en aspect duquel se lève le Lion.

Le Bouvier, ou le conducteur des vaches d'Icare, monte en aspect avec le vingt-sixième natchtron, qui répond aux Poissons. On lui a affecté une vache.

Il y a quelques animaux qui ne se trouvent pas dans nos sphères, tels que l'Eléphant, le Singe. Il y a beaucoup d'apparence qu'ils

---

(1) Origine des Cultes , tom. 3 , part. 2 , pag. 182 , 231.
(2) *Ibid* , tom. 1 , pag. 235.
(3) Firm. , liv. 8 , chap. 31.
(4) Firmic. , liv. 8 , chap. 6.

étaient dans la sphère orientale, et qu'ils devaient correspondre aux natchtrons sous lesquels ils sont ici placés. Suivant le père Souciet, l'Eléphant et d'autres symboles astronomiques font partie des constellations orientales (1), comme nous l'avons nous-mêmes déjà observé dans notre grand Ouvrage (2).

Dans la Sphère Persique (3), que nous avons extraite d'Aben-Ezra, on voit au troisième décan des Gémeaux la figure du Singe. Or les Gémeaux sont en aspect d'opposition avec la fin du Sagittaire, où est le vingtième natchtron, auquel est affecté ici le Singe.

On le retrouve encore au troisième décan de la Vierge, dans la Sphère Barbare (4), *Humerus Simiæ australis; pars pectoris ejus.*

Dans le vingt-deuxième natchtron, répondant au Capricorne, on a placé la *Guenon*. Dans la Sphère Persique (5), on lit au premier décan du Capricorne : *Corpus Simiæ, caput ejus;* et au troisième décan: *Finis Simiæ.*

On remarque aussi la forme d'un corps d'éléphant sous le troisième décan du Taureau, et au premier du Cancer, dans la Sphère Indienne (6), ce qui prouve évidemment que ces figures appartenaient aux Sphères Orientales.

On pourrait faire les mêmes remarques sur plusieurs oiseaux affectés aux natchtrons.

Ainsi on a affecté le Corbeau au vingt-quatrième natchtron, qui répond aux étoiles de la constellation du Verseau, parceque le Corbeau céleste, placé sur l'Hydre, se couche au lever de ce natchtron, et fait par là fonction de paranatellon, comme il est

---

(1) Souciet, tom. 1, pag. 247.
(2) Origine des Cultes, tom. 3, part. 2, pag. 294.
(3) *Ibid.*, pag. 227.
(4) *Ibid.*, pag. 229.
(5) *Ibid.*, pag. 232.
(6) *Ibid.*, pag. 226 et 227.

B

paranatellon du Lion au troisième décan de la Sphère Persique (1);
car cette dénomination fut donnée autant aux astres qui se couchent
qu'à ceux qui se lèvent, soit avec un signe du Zodiaque, soit
avec une partie de signe, soit décan, soit natchtron; on l'a même
étendue jusqu'aux passages au méridien.

Au coucher du septième natchtron, répondant aux Gémeaux,
se lève le Cygne. C'est même cet aspect qui a donné lieu à la
fiction de la métamorphose de Jupiter en cygne, père des deux
gémeaux. On a affecté le Cygne à ce natchtron.

Le passage au méridien, des dixième et onzième natchtrons,
qui répondent au Lion, est marqué par le lever du *Vultur* ou
Falco, qui porte la Lyre. On y a placé le Milan, oiseau de
proie.

Le passage au méridien, du treizième natchtron, répondant au
milieu de la Vierge, est marqué par le lever de l'Aigle. On a
affecté l'Aigle à ce natchtron.

Il est encore beaucoup d'autres oiseaux qui manquent à nos
sphères, comme ils manquent aussi à notre Tableau.

On pourrait, jusques à un certain point, faire le même essai sur
les symboles ou emblêmes affectés à chacun des natchtrons.

Par exemple, le *Harpé*, instrument tranchant, ou l'épée flam-
boyante que tient Persée, se couche avec le troisième natchtron,
Cartigué. On a placé sous ce natchtron *un rasoir* et *une flamme*.

Nous avons dit plus haut qu'on avait affecté au sixième natchtron, *Ardra*, le *Chien*, et que c'était l'animal céleste appelé le
Grand-Chien, qui renferme la plus belle, la plus brillante étoile
du ciel, *Sirius*. On a, par cette raison, placé pour symbole de
ce natchtron *une étoile brillante* et *une pierre précieuse*. On sait
que Sirius brille de mille couleurs, comme la pierre précieuse.

(1) Origine des Cultes, pag. 229.

Avec le septième natchtron, qui répond à la fin de la constellation des Gémeaux, monte l'arc du Sagittaire. On a donné à ce natchtron, l'*arc* pour emblême.

Au coucher du huitième natchtron, qui répond aux premières étoiles du Cancer, monte la *Flèche*, constellation; on a donné à ce natchtron pour symbole la *Flèche*.

Avec le natchtron suivant, ou avec le neuvième, monte la queue du Petit-Chien. On lui a donné pour symbole une queue de chien.

Sous le treizième natchtron, *Hasta*, marqué par cinq étoiles près la main de la Vierge, on a mis pour symbole une main ; parceque c'est effectivement cette partie de la constellation de la Vierge, qui est comprise dans ce natchtron.

Sous le quatorzième natchtron près les pieds de la Vierge, on a placé pour emblême une *perle*, parcequ'effectivement avec les pieds de la Vierge se lève la brillante de la Couronne Boréale. Elle est appelée *Margarita* ou la Perle (1), comme on peut le voir dans notre grand ouvrage, que nous ne citons souvent que parcequ'on y trouve les diverses dénominations des étoiles, les différentes sphères et les autorités dont nous nous appuyons, et que nous ne pouvons rappeler toutes ici.

Sous le dix-septième natchtron, qui comprend les étoiles de la constellation du Scorpion, sur laquelle est le Serpentaire et son Serpent, on a mis pour emblême le *Serpent*.

Au coucher du dix-huitième natchtron se lève la tête de la Grande-Ourse. On y a placé pour symbole une tête d'ours.

Au lever du dix-neuvième natchtron, qui répond à l'extrémité de la queue du Scorpion, passe au méridien la queue du Lion, qui par ce passage fixe le lever de ce natchtron. On y a mis pour emblême une queue de lion.

---

(1) Origine des Cultes, tom. 5, part. 2, pag. 123.

Sous le vingt-deuxième natchtron, on a mis pour symbole le pied de Vichnou. C'est le nom que l'on donne aux étoiles de l'Aigle, comprises dans le natchtron *abhidüt*. On y a mis aussi la *Flèche*, constellation qui tient à celle de l'Aigle.

Le passage au méridien de la Couronne Australe, qui est un cercle d'étoiles placé entre l'Autel et le Sagittaire, fixe le lever du vingt-quatrième natchtron qui répond au Verseau. On donne à ce natchtron pour symbole un *cercle d'étoiles* et un joyau *circulaire*.

Le lever du vingt-cinquième natchtron est annoncé par le passage de la tête du Sagittaire au méridien. Cette tête dans le Zodiaque de Dendra a une double face. Ce natchtron a aussi pour emblême une tête à deux faces.

Les symboles des deux derniers natchtrons sont un Fléau de Balance et un Poisson. Le Poisson fait partie de la constellation du Zodiaque à laquelle répond ce natchtron. C'est le Poisson Boréal placé sous Andromède.

Quant au Fléau de Balance, il peut désigner les premières étoiles des pieds de la Vierge, après lesquelles monte la Balance, et qui se lèvent au coucher des Poissons, et avec les premières étoiles du Bélier.

Si cela est, ce sera encore une nouvelle preuve de l'antiquité de cette image céleste, qu'à tort on a prétendu être une invention moderne. On trouvera dans notre Mémoire sur l'Origine des Constellations (1), et dans nos Observations sur le Zodiaque Égyptien, trouvé à Dendra, les preuves que nous employons pour réfuter cette fausse assertion [g].

On vient de voir par l'examen et l'analyse que nous venons de faire du cortége symbolique, qui accompagne les vingt-sept natchtrons des Indiens, qu'il a pour base la théorie des Para-natellons, qui sert aussi de base à nos explications de la Mytho-

---

(1) Origine des Cultes, tom. 3, part. 1, pag. 337.

logie astronomique, comme elle en sert à toutes les descriptions
de la sphère, que nous ont laissées les anciens, et à leurs calendriers, que nous avons fait imprimer dans notre grand ouvrage (1).

Ce cortége astrologique, composé de quadrupèdes, de reptiles,
d'oiseaux, de plantes, etc., donné par les Indiens aux vingt-
sept natchtrons, a été imité par les Arabes, qui en ont aussi
donné un, d'une espèce à-peu-près pareille aux douze maisons
du Soleil (2); mais ils l'ont tiré d'une autre théorie, de celle
des Influences. Nous avons fait imprimer ce tableau dans notre
ouvrage (3).

Si nous ne trouvons rien de semblable dans la série des vingt-
huit Sou chez les Chinois, des kordehs chez les Perses, et des
maisons lunaires chez les Arabes, c'est sans doute parceque les
monumei de leur astrologie que nous avons, sont incomplets.

Quant aux Égyptiens, Poocke a trouvé à Achium une espèce
de Zodiaque formé de plusieurs cercles concentriques ; on
remarque douze oiseaux dans le premier. Dans celui de Bianchini que nous avons fait graver (4), on y voit plusieurs quadrupèdes. Ainsi les douze maisons du Soleil ont eu leur cortége
symbolique, comme les vingt-huit maisons de la Lune l'ont chez
les Indiens.

Nous sommes donc assurés que les deux divisions, tant celle
des maisons du Soleil, que celle des maisons de la Lune existaient simultanément, puisque les images et les animaux symboliques des natchtrons, sont souvent empruntés des animaux du
Zodiaque, tels la *queue* du Lion, la *main* de la Vierge, etc.

C'est surtout chez les Arabes, que ces rapports des maisons

---

(1) Origine des Cultes, tom. 3, part. 2, sect. 3, pag. 191—288.
(2) *Ibid.*, pag. 310.
(3) Poocke. Voyage de l'East, tom. 1, pag. 77.
(4) Origine des Cultes, tom. 1, pag. 180.

lunaires avec les constellations du Zodiaque sont sensibles, puisque les noms de ces maisons sont souvent tirés des parties de l'animal du Zodiaque, dont les étoiles y correspondent. Telle la première station de la Lune, appelée par Aben-Ragel, *Rás-al-Hamel*, tête du Bélier. La deuxième *Boten* ou le ventre. La dix-huitième Calb el Akrab, etc., cœur du Scorpion.

C'est ce qui doit faire rejeter l'opinion de MM. Bailly [1] et le Gentil, qui ont cru, que la division lunaire était la plus ancienne, parcequ'elle était sans figures et marquée seulement par des lignes tirées dans le ciel, qui unissaient entre elles diverses étoiles. On ne tira simplement que des lignes, parceque les catastérismes existaient déjà, et que les étoiles avaient été groupées sous des images pour les besoins de l'Astronomie solaire, celle qui règle l'ordre des saisons. Les lignes marquaient les distances, les rapports des maisons avec les étoiles déjà distribuées en constellations : les symboles, ainsi que les animaux qu'on leur affecta, désignaient les divers animaux ou parties d'animaux célestes que ces lignes renfermaient. Si l'on devait admettre une antériorité, elle serait toute entière à l'avantage de l'Astronomie solaire, et des images symboliques connues encore aujourd'hui sous le nom de *Constellations*.

L'origine des dénominations données aux mois indiens, et la comparaison qu'on peut en faire avec celle des mois chinois et égyptiens, peut aussi donner lieu à plusieurs observations.

D'abord on remarque que les mois chez les Indiens ne prennent pas leur nom des signes ou des constellations que le Soleil parcourt dans ce mois, ni des natchtrons où la Lune se renouvelle, mais d'un des natchtrons opposés ; c'est-à-dire d'un natchtron dans lequel la Lune du mois est pleine, ou dont elle est voisine dans son plein. En voici un exemple : le premier mois indien s'appelle *Tchitra* et *Chitteré*. Le Soleil durant ce mois parcourt les étoiles de la constellation du Bélier, *Mecham* ou les natchtrons, *Asouini*, *Burani*, et un tiers environ de *Car-*

---

(1) Bailly, Astr. anc. Le Gentil, Voyage aux Indes, t. 1.

tigué. Ce n'est ni des étoiles du Bélier, *Mécham*, ni des natchtrons, *Asouini*, *Barani* et *Cartigué*, que ce mois emprunte son nom, mais du quatorzième natchtron, qui leur est diamétralement opposé ; il s'appelle *Tchaitra* et *Chitterey*, comme le natchtron dans lequel la Lune de ce mois est pleine. On peut faire le même essai sur les autres mois. Par exemple, le troisième natchtron, *Cartigué*, qui ne donne point son nom à ce mois ni au suivant, qui sont les premiers mois du printemps, où le Soleil s'unit aux Pléiades, donne son nom à un mois d'automne, au huitième mois, dans lequel la Lune est pleine dans le natchtron *Cartigué*, et se trouve près des Pléiades, appelées *Cartigué*. On peut s'assurer que tous les autres mois empruntent de même leurs noms d'un natchtron opposé au lieu du Soleil durant ce mois. Ce mois *Cartigué* répond au mois *Athyr* des Égyptiens, qui tire pareillement son nom des Pléiades, *Athuraïœ*.

Ceci s'accorde avec l'assertion des Brames, qui disent que lorsque leur calendrier fut réglé, la Lune était dans son plein [h].

On peut aussi conclure de là que les Chinois ont réglé primitivement sur les pleines lunes leur calendrier, ou qu'ils ont emprunté les noms de leurs mois, d'un peuple qui les réglait ainsi, soit des Indiens, soit d'un autre peuple, puisqu'ils ont conservé des dénominations de mois qui ne sont que des altérations de celles des Indiens, et qui, répondant à la même saison, au même mois, ont dû être prises des mêmes *natchtrons*, dont les mois indiens tirent leurs noms. Donc il y a eu communication, de quelque part qu'elle vienne, ou une origine commune du calendrier des deux peuples indiens et chinois.

En voici la preuve. Les trois mois d'hiver dans le calendrier chinois sont *Pehoua*, *Mokué*, *Pholkuna*. Les trois mois d'hiver du calendrier indien sont *Poucha*, *Mogh* et *Phalgoun*: Or ces noms indiens sont tirés du huitième natchtron *Pouchia*, du dixième *Makam*, et du douzième *Phalgouni*.

Les variantes des dénominations du même mois chez les Indiens offrent des différences plus grandes entre elles, que celles que présentent ici les noms de ces trois mois prononcés et altérés par les Chinois.

Les altérations sont plus fortes quand on les compare avec les noms égyptiens ; néanmoins on apperçoit encore des traces d'une origine commune, mais bien ancienne. Ainsi Janvier s'appelle *Tai* dans l'Inde, et *Tybi* en Égypte ; Février s'appelle *Mokue* en Chine, et *Mekir* en Égypte ; Mars, *Phalguna* dans l'Inde, et *Polkuna* en Chine ; c'est *Phamenot* dans l'Égypte. Ces mois ont les mêmes lettres initiales.

C'est surtout entre les Indiens et les Chinois qu'on peut appercevoir cette filiation dans les dénominations et les divisions astronomiques. Ainsi la division de l'année en six saisons, de deux mois chacune, qui est d'usage dans l'Inde, où elle est connue sous le nom des six *Ritous*, se retrouve également à la Chine (1).

Le nœud ascendant de la Lune, appelé *Cetou* chez les Indiens, se nomme *Kitou* chez les Chinois (2).

La division du mois lunaire en temps *blanc* et en temps *noir*, dont le premier comprend les jours qui s'écoulent depuis la nouvelle lune jusqu'à la pleine lune ; et le second ceux qui s'écoulent depuis la pleine lune jusqu'à la nouvelle, est commune aux Chinois et aux Indiens (3).

Les Chinois appellent *Sing* leur vingt-cinquième *Sou*, ou Constellation lunaire qui répond au Lion. C'est le nom de cet animal céleste dans le Zodiaque indien.

Les Chinois ont douze *Siang* ou *Signes*, comme tous les autres peuples.

La période de 432,000 ans qui est la base de beaucoup de

---

(1) Souciet, tom. 2, pag. 125.
(2) *Ibid.*, pag. 123.
(3) *Ibid*, tom. 2, pag. 125—128.

calculs des Brames, période fictive que nous avons analysée et expliquée (1), se retrouve aussi chez les Chinois; c'est ce que nous prouvons dans notre ouvrage manuscrit sur les Cosmogonies.

On y remarque aussi la période de 10,800 ans que Linus et Héraclite empruntèrent des Orientaux; elle est aussi dans l'Inde.

On y trouve également les trente-trois cieux des Tibetans, qui répondent aux trente-trois classes de génies *Dewerchels* de la Théologie indienne. Cette fiction théologique a été exprimée par les Lamas sous l'emblême d'un Éléphant, qui a trente-trois têtes rouges.

Les Chinois comptent aussi cinq élémens, comme les Indiens et les Manichéens, qu'on a appelés quelquefois secte indienne.

Il est donc impossible de ne pas reconnaître l'existence d'une ancienne communication des Chinois avec les Indiens ; j'ajouterai même avec les Perses et les Égyptiens.

Le père Gaubil lui-même, dans une lettre écrite à M. Anquetil (2), dit que les Brames étaient venus de l'Inde à la Chine, et que les Chinois traduisirent dans leur langue ce qu'ils apprirent de leur astronomie. Les ressemblances que nous avons vu établies plus haut entre les dénominations des mois chez les Indiens et chez les Chinois, semblent justifier cette assertion. L'astronomie à la Chine a subi plusieurs révolutions dans ses méthodes, quoiqu'on y ait constamment observé (3). Chaque astronome a eu la sienne.

Les Chinois ont une astronomie qu'ils appellent *indienne* (4).

Il paraît qu'ils ont emprunté beaucoup de choses des étrangers à diverses époques.

---

(1) Orig. des Cult., tom. 3, part. 1ere, pag. 162, etc.
(2) Zend., Avest., tom. 1, pag. 335.
(3) Souciet, tom. 2, pag. 90.
(4) *Idem*, tom. 5, pag. 129.

C

Il est d'autres dénominations de mois qu'on trouve chez eux, qui ne sont évidemment que des noms de mois persans qu'on a dénaturés par une prononciation étrangère (1). Et les Chinois prononcent difficilement les mots des autres langues.

Quant aux Indiens et aux Persans, nous avons dans les figures de leur Zodiaque plusieurs caractères de ressemblance. Le Sagittaire, par exemple, est représenté chez l'un et l'autre peuple avec une queue de serpent, qu'il regarde en tournant sa tête et sur laquelle il décoche une flèche (2).

Cet emblême composé a pour origine un aspect astronomique; il est emprunté de la queue du serpent du serpentaire, qui se couche avec la croupe du Sagittaire. C'est sur cette queue et sur celle du Scorpion qu'il semble diriger son trait (3). Chez les Perses et chez les Arabes, qui lui donnent aussi la queue de serpent (4), il est représenté avec le corps du Tigre, ou de l'animal céleste placé entre lui et le Centaure. C'est la Tigresse que nous voyons casée dans le seizième natchtron, près du Scorpion, dans la division indienne.

Quant aux Égyptiens, ils avaient une ancienne division de l'année en trois saisons, de quatre mois chacune. Elle se retrouve aussi à la Chine; c'est ce que les Chinois appellent l'année de la Sainte Loi (5).

Ces traces de l'ancienne communication des nations savantes de l'Orient entre elles sont précieuses à recueillir; et c'est surtout dans notre manuscrit des Cosmogonies, que nous les faisons remarquer, et qu'elles sont réunies et comparées de manière à faire voir que l'ancien et le nouveau continent n'étaient point étrangers l'un à l'autre dans les siècles reculés de la haute antiquité.

---

(1) Souciet, tom. 3, pag. 132.
(2) Rech. Asiat., tom. 2, pag. 340, pl. 7.
(3) Chardin., tom. 2, pag. 119, in-4°.
(4) Manuscrit arabe, n° 1165.
(5) Souciet, tom. 2, pag. 128.

Après avoir expliqué d'après quels principes ce tableau a été composé, et avoir fait remarquer les lumières qu'il jette sur les rapports que les calendriers et l'astronomie des divers peuples de l'Orient ont entre eux : nous allons parler de l'usage qu'on peut en faire pour l'étude de la Chronologie astronomique et de la Mythologie.

L'Astronomie a ses dates et ses époques comme l'Histoire, et elles sont d'autant plus certaines qu'elles les prend dans le ciel où sont tous les élémens du calcul du temps. C'est donc aussi là que nous prendrons les bases de notre calcul sur l'antiquité de l'Astronomie, ou plutôt sur celle des emblêmes astronomiques et des divisions célestes, qui sont parvenues jusqu'à nous ; car nous ne prétendons pas qu'elles soient les seules ni les premières que les hommes aient imaginées.

Nous écartons de notre calcul toutes ces périodes fictives, ces époques ou conjonctions imaginaires, qui remontent à plusieurs milliers de siècles, et que l'on retrouve dans tout l'Orient. Nous ne faisons usage que de périodes données par la nature et d'observations bien constatées. Notre ouvrage ne portera que sur des bases avouées et solides.

De toutes ces périodes, la plus longue que nous connaissions, qui soit donnée par la nature, celle sur laquelle il n'existe aucun doute, c'est la révolution des points équinoxiaux et solsticiaux, ou des points par lesquels les colures coupent l'écliptique et l'équateur à 90° de distance l'un de l'autre. C'est à ces points qu'est attaché le commencement de chaque saison. Les colures, et conséquemment leurs points d'intersection ont un mouvement lent en sens contraire à l'ordre des signes, c'est-à-dire du Taureau, au Bélier, du Bélier aux Poissons, etc. Ce mouvement est d'environ 50' de degré par an, ou d'un degré en 72 ans : ce qui donne pour la révolution entière, 25,960 ans ; c'est ce qu'on appelle période du mouvement apparent des fixes en longitude, et que nous appellerons la grande année, dont chacun des mois, ou le déplacement entier d'un signe, est de 2163 ans.

Il résulte de ce mouvement en sens contraire à celui des

planètes et au mouvement apparent du Soleil, que cet astre achevant sa carrière, en suivant l'ordre des signes, rencontre les points équinoxiaux et solsticiaux, qui se sont mus en sens opposé, 5o" en deçà du point où il les aurait rencontrés, s'ils fussent restés fixes comme les étoiles auxquelles on compare la marche du Soleil et la succession des saisons qui dépendent de cette marche.

Les équinoxes, ou l'égalité des jours et des nuits, les solstices ou le *maximum* et le *minimum* de leur durée, se reproduisent tous les ans 5o" en deçà du point où ils avaient eu lieu l'année précédente, ou sous des étoiles moins avancées en longitude que celles auxquelles ils répondaient en commençant leur révolution; ce qui donne un mois entier d'anticipation au bout de 2163 ans. Il résulte de là que l'égalité des jours et des nuits au printemps, qui autrefois arrivait, par exemple, lorsque le Soleil était uni aux Pléiades vers la fin de la constellation du Bélier, arrive aujourd'hui près de deux mois avant qu'il ait atteint ces mêmes étoiles; c'est-à-dire lorsqu'il ne fait encore que répondre aux premières étoiles des Poissons. Voilà ce qu'on appelle précession des équinoxes. On aurait pu dire également précession des solstices. Il n'en résulte aucun changement dans l'ordre des saisons; seulement le Soleil ne paraît pas sous les mêmes étoiles auxquelles il répondait autrefois quand ces saisons arrivaient. Les étoiles rencontrées par le Soleil dans le premier mois de printemps, ne le sont que dans le second mois, au bout de 2163 ans. Mais les étoiles étant des corps infiniment éloignés hors la sphère de notre système, n'ont aucune influence sur la température de l'air, et ne sont que des points fixes qui servent de terme de comparaison pour rapporter le lieu du Soleil et des planètes à telle ou telle époque de leur révolution.

Nous sommes entrés dans ces détails en faveur de ceux qui, n'ayant pas des idées assez précises de la nature de la précession des équinoxes et de ses effets, suivraient difficilement notre explication, laquelle porte sur cette base.

C'est pour peindre ce mouvement et le suivre dans les diverses

époques de sa révolution, que nous avons imaginé une croix ou
étoile supposée mobile, qui a son centre sur celui du Soleil et sur
celui du Zodiaque, dans lequel sont renfermées les maisons lunaires.
Les deux lignes du milieu de chacune des branches de l'étoile,
qui se coupent à son centre, et qui aboutissent à ses pointes que
termine une fleur de lys, représentent les lignes d'intersection
que tracent sur le plan de l'écliptique les colures en le coupant
en quatre parties égales au point initial de chaque saison, où
elles marquent le point mobile des équinoxes et des solstices.

Nous avons donné aux colures, et conséquemment à la croix
qui les représente, la position qu'ils ont dû avoir lorsqu'on a
imaginé cette division en vingt-huit maisons. Car il est naturel
de penser qu'on est parti d'un des quatre points cardinaux de la
sphère, soit solstices, soit équinoxes pour faire cette distribution,
et qu'on en a attaché le point initial au point initial d'une saison
ou de l'année : au moins c'est la supposition la plus vraisemblable, et que justifie la distribution actuelle des douze maisons
du Soleil ou des signes du Zodiaque.

Nous ne prendrons point sur nous de faire l'autre supposition ;
savoir, qu'on aurait pris pour point de départ ou initial de la
division une étoile quelconque, au hasard, hors des limites, des
saisons et des cercles qui les déterminent, enfin, une étoile obscure, telle que γ du Bélier, étoile de la quatrième grandeur,
par laquelle commence cette division chez les Indiens, chez les
Perses, chez les Arabes. Cette supposition nous paraît si invraisemblable, que nous la laisserons faire à d'autres.

Nous avons pris cependant sur nous de déterminer entre ces
deux lignes verticale et horizontale du tableau, c'est-à-dire entre
celle qui passe par le Cancer et le Capricorne, et celle qui
passe par la tête du Bélier et les pieds de la Vierge, quelle est
celle qui représente le colure équinoxial, et celle qui représente
le colure solsticial dans la position primitive. Notre opinion est
trop connue pour la déguiser ; notre intention cependant est de
laisser au lecteur toute liberté dans son choix. Nous ferons seulement quelques observations [i].

Si l'on suppose avec nous que c'était le colure équinoxial qui passait par la tête du Bélier et par les pieds de la Vierge, lorsqu'on a imaginé cette division des vingt-sept ou vingt-huit maisons, c'est-à-dire que cette division partait d'un équinoxe, comme celle de notre Zodiaque ; alors les colures avaient la position que nous avons appelée primitive dans notre Mémoire sur l'origine des Constellations, et dans nos Observations sur le Zodiaque de Dendra (1) en parlant de l'usage du petit Verseau mobile. Toutes les preuves que nous avons apportées alors pour établir notre système, reçoivent ici une nouvelle confirmation. Les deux Zodiaques remontent à la même époque ; ont une même origine ; sont absolument le fruit du même génie ; et sont dans une parfaite harmonie ; et tous deux marchent avec les saisons et partent de l'équinoxe de printemps occupé alors par la Balance. Le véritable commencement est aux pieds de la Vierge près l'Épi, c'est-à-dire là où commence le Zodiaque chinois. Celui des Indiens et des autres ne se trouve commencer au point opposé, que parce que les Indiens prenaient pour base les pleines lunes, comme nous l'avons fait voir plus haut [k].

Cette supposition a encore l'avantage de s'accorder avec la chronologie des Égyptiens rapportée par Pomponius Méla (2).

Si l'on préfère l'hypothèse qui prendrait pour colure équinoxial la ligne verticale, c'est-à-dire celle qui passe par le Cancer et le Capricorne, alors le colure solsticial serait celui qui passe par les pieds de la Vierge et par la tête du Bélier ; et la division aurait parti des solstices au lieu de partir des équinoxes. L'époque de cette position a l'avantage d'être plus rapprochée de nous ; mais elle n'a que celui-là. Chacun peut faire le calcul de la différence. Du reste, si l'on ne choisit pas l'une, il faut nécessairement prendre l'autre ; il n'y a pas de milieu.

Quelle que soit la supposition qu'on admette, nous convenons

---

(1) Pag. 8.
(2) L. 1, c. 9.

que nous n'avons pas d'observations qui remontent aussi haut que celle de la position primitive. Les colures s'en étaient déjà de beaucoup éloignés aux époques où furent faites les observations qui nous sont parvenues, comme on va le voir.

Pour rendre ce déplacement et cet écart sensibles, nous avons imaginé une croix mobile en carton, dont le centre est fixé sur le centre de la croix du tableau par une épingle ou par un petit clou, qui sert de pivot à cette croix mobile, dont les extrémités marquent les points équinoxiaux et solsticiaux sur le grand cercle gradué qui comprend les autres cercles concentriques, et près duquel sont gravées les images des douze constellations du Zodiaque.

C'est sur ce cercle que nous avons marqué, par des lignes tirées hors du cercle, la position des équinoxes et des solstices aux époques où ont été faites diverses observations chez les Égyptiens, chez les Chinois, chez les Indiens, chez les Perses, chez les Chaldéens, chez les Arabes, et même chez les Grecs. Les observations de l'équinoxe de printemps sont désignées par les lettres EP et à la droite, en regardant en face le tableau, près du Taureau. Celles d'automne marquées EA sont à la gauche, vers le Scorpion. Celles du solstice d'été sont marquées SE et au haut du tableau, la plupart près le Lion. Celles du solstice d'hiver marquées SH sont en bas, dans le Verseau. Les unes et les autres, chez le même peuple et à la même époque, sont distantes l'une de l'autre de trois signes ou de 90°, de manière que quand on pose une des extrémités de la croix sur l'une de ces lignes, toutes les autres extrémités sont couchées sur les autres lignes ou sur les points équinoxiaux et solsticiaux qui dépendent de cette observation, et qui tiennent à cette époque.

Au reste, pour le plus grand nombre des observations, nous nous sommes bornés à déterminer le lieu de l'équinoxe de printemps à l'époque de l'observation, pour ne pas trop charger le tableau de lignes, qui d'ailleurs deviennent inutiles, parcequ'une fois la position de la pointe qui marque l'équinoxe de printemps étant déterminée, les trois autres pointes sont nécessairement sur le degré du cercle qui leur appartient. Nous avons cependant marqué les quatre points par des lignes pour les observations de l'Inde, de la Chine et de la Perse, et pour le siècle actuel, et pour le commencement de l'ère vulgaire.

Il sera à propos de décrire autour du centre de la croix mobile un cercle égal à celui de la croix fixe, représentant l'orbite de la terre sur laquelle il sera posé, et sur la circonférence de laquelle on fera mouvoir la sienne, afin que les quatre points d'intersection marqués sur ce cercle par les lignes qui passent par le milieu, par les extrémités et le centre de la croix mobile, marquent, dans les diverses positions que prendra la croix, le lieu de la terre dans son orbite, au commencement de chaque saison, durant le cours de la grande période. .

Il sera également nécessaire de marquer sur chacune des intersections, ainsi que vers la pointe de la ligne qui la forme, les désignations EP, EA, SE, SH qui annoncent que là est l'équinoxe de printemps, celui d'automne, le solstice d'été, celui d'hiver.

On laissera un cercle plein et presque du diamètre de l'espace circulaire qui se trouve entre le centre S, et le premier cercle où sont les noms des maisons lunaires. On écrira *Est* entre la branche SE et EA, ou dans le quart de cercle intercepté entre la branche qui marque le solstice d'été, et celle qui marque l'équinoxe d'automne ; *Sud* entre la branche EA et la branche SH ; *Ouest* entre la branche SH et la branche EA, et *Nord* entre la branche EA et la branche SE, ou celle qui marque le solstice d'été. Par là on verra comment l'aiguille en se mouvant change l'*Est*, le *Sud*, l'*Ouest* et le *Nord* du mouvement annuel, tous les 6500 ans environ.

Après cette préparation on supposera exactement la croix mobile sur la croix fixe ; et on fera marcher contre l'ordre des signes son extrémité EP, en la supposant partie d'en haut, qui est l'hypothèse la plus rapprochée de nous, jusqu'à ce qu'elle s'arrête sur le lieu, ou sur le degré d'un Natchtron, ou d'un *Sou,*

ou d'une station lunaire désignée par l'observation : en voici
des exemples.

Le Souria-Sidantha, qui est le plus ancien livre d'astronomie
des Indiens (1), détermine le lieu des colures, à l'époque à laquelle
l'auteur indien écrivait, au 10° de la seconde constellation appelée
Bharani ; c'est là qu'il fixe le point équinoxial de printemps ; il
le place donc à 23° 20' de distance de l'étoile γ du Bélier, qui
est le point initial de cette division. En effet, chaque natchtron
ayant 13° 20' d'étendue, si l'on ajoute à ces 13° 20' du premier
natchtron les 10° du second, on aura 23° 20' de distance au point
initial, ou à l'étoile γ.

Si l'on fait descendre la pointe de la ligne verticale marquée *EP*
jusqu'à ce qu'elle soit arrivée par ce mouvement rétrograde, qui
est celui de la précession, au 10° de la seconde constellation
lunaire ou de Bharani ; et si on l'arrête sur la ligne qui est tirée
hors du cercle, et marquée *EP des Indiens*, on aura la position
des colures telle qu'elle est indiquée dans le Souria-Sidantha ;
c'est-à-dire, que la pointe *SE* ou le solstice d'été sera posée sur
le 6° 40' d'*Alescha* ou du neuvième natchtron, la pointe *EA*
ou l'équinoxe d'automne sur le 3° 20' de *Wissaka* ou de la seizième
constellation, et la pointe *SH* sur le premier degré de *Danitchta*,
ou de la vingt-troisième constellation. Voilà donc une position
bien déterminée sur le cercle gradué qui nous sert à fixer
les lieux, des solstices et des équinoxes à différentes époques.
Il est aisé de calculer l'époque à laquelle remonte celle-ci.
L'étoile γ du Bélier a aujourd'hui 1ˢ 0° 25' de longitude ; c'est-à-
dire, qu'à l'époque du Souria-Sidantha elle était 23° 20' au-dessous
du point équinoxial de printemps, et qu'aujourd'hui elle est 30° 25'
au-dessus. Donc le point équinoxial a rétrogradé de la somme
de ces deux quantités, c'est-à-dire 53° 45' depuis l'observation
consignée dans le Souria-Sidantha.

Or chaque degré de rétrogradation demande 72 ans ; donc

---

(1) Rec. Asiat., trad., tom. 2, pag. 511 et 452.

D

multipliant 53° 45′ par 72 ; nous aurons l'espace de temps écoulé, depuis cette observation jusqu'à nous ; c'est-à-dire 3,870 ans, ou 2,064 ans avant notre ère.

Si nous voulons savoir maintenant sur quel degré du cercle gradué doit répondre cette époque, nous retrancherons de ce nombre 2,064, le nombre 388, qui est celui des années antérieures à notre ère, où le colure équinoxial passait par γ du Bélier, et où commence notre graduation avec la première maison ou avec le premier natchtron, et nous aurons 1,676 ans : divisant ce nombre par 72 pour le convertir en degrés, nous aurons 23° 16′ 37″, ce qui approche beaucoup de la détermination des Indiens à 23° 20′ ou à 10° de Bharani.

Cette observation, comme on le voit, remonte à près de 1,300 ans avant la première Olympiade, plus de 1,000 ans avant la guerre de Troye, plus de 600 ans avant l'époque assignée au règne des Pharaons en Égypte, 742 ans avant le renouvellement de la période sothiaque sous Sésostris, près de 500 ans avant l'époque donnée par le Zodiaque de Dendra, près de 600 ans avant l'époque assignée au prétendu déluge de Deucalion, et de 200 avant celui d'Ogygès : cependant elle est postérieure à toutes celles que nous allons bientôt rapporter.

Les Indiens ne se sont pas bornés à désigner dans les natchtrons le lieu du commencement de chacune des saisons de trois mois ou la position des colures ; ils ont également déterminé le point initial de chaque saison de deux mois ou des ritous. Nous les avons marqués par une petite ligne oblique sur la circonférence du cercle gradué, et par la lettre initiale *R*, suivie du nom de chaque *ritou*.

Le premier part de l'ancien solstice d'hiver donné par le Souria-Sidantha, et se nomme *Sisiru*. Il s'étend depuis le 1° de la vingt-troisième constellation *Danitchta*, jusqu'au milieu de la vingt-septième *Revati*, qui répond au lien des Poissons. Le second ritou, *Vasanta*, commence au milieu de *Revati*, et s'étend jusques à la fin de Rohini ou de la quatrième constellation qui comprend les Hyades. Le troisième ritou, *Grimcha*, s'étend depuis le commencement de la cinquième constellation, *Mrigasiras* jusqu'au milieu d'*Alescha* ou de la neuvième constellation, qui comprend les étoiles de la tête du Lion, et qui se termine au solstice d'été, son terme nécessaire, puisque le premier ritou commence au solstice d'hiver.

Le quatrième ritou, *Vercha*, s'étend depuis le milieu d'Alescha, jusqu'à la fin d'*Hasta* ou de la treizième constellation, qui comprend les étoiles de la main de la Vierge. Le cinquième ritou commence au 1° de Tchitrà, ou de la quatorzième constellation qui renferme l'Épi, et s'étend jusqu'au milieu de Djyêchthâ, ou de la dix-huitième constellation qui comprend les étoiles de la queue du Scorpion.

La sixième et dernière saison, celle d'*Hémanta*, commence au milieu de *Djyêchthâ*, et s'étend jusqu'à la fin de Sravana, ou de la vingt-deuxième constellation qui comprend les étoiles de l'Aigle et la queue du Capricorne.

Il est évident qu'il n'y a pas ici d'accord entre les saisons et les maisons, puisqu'il faudrait pour cela, que la dernière saison finît à la fin de la dernière maison *Revati*, ou de la vingt-septième constellation; et que la première saison commençât au 1° d'Asouini, au lieu qu'elle commence et finit cinq maisons plutôt qu'Asouini: donc, si les saisons et les maisons ont été primitivement d'accord, ce qui est très-vraisemblable, il y a eu un déplacement des colures ou de la croix qui les représente, et ce déplacement qui a troublé cet accord est de cinq maisons entières, si les saisons ont commencé par l'hiver; et de près de douze maisons, si elles ont commencé au printemps, comme nous le supposons. Chaque maison, pour être parcourue par le mouvement rétrograde de l'extrémité de la croix, exige un espace de 961 ans, que l'on multipliera soit par 5, soit par 12, pour avoir l'époque à laquelle cette harmonie a dû exister; ce qui remonte à 6,885 environ dans l'hypothèse la plus rapprochée; et à 15,174 ans environ dans la première supposition, qui met en harmonie les deux Zodiaques et les Saisons; alors tout part des pieds de la Vierge. Le Balance se trouve placée à l'équinoxe de printemps, ou près la première maison des Chinois, *Kio*.

Le lecteur est libre de choisir entre ces deux hypothèses ; mais s'il rejette cette dernière, il doit nécessairement admettre la première pour mettre les maisons en harmonie avec les saisons.

Enfin, pour revenir sur cette idée que nous croyons la plus importante de ce mémoire par ses conséquences, nous trouvons la croix mobile dans une position telle, qu'aucune de ses quatre pointes ne coïncide avec le commencement de la division, soit indienne, soit chinoise ; et cependant cette coïncidence a dû exister lorsque ces divisions furent établies ; du moins c'est la seule supposition raisonnable qu'on puisse faire. Il faut donc faire rétrograder la croix, jusqu'à ce que cette coïncidence se reproduise. Or le mouvement que nous devons lui donner pour cela, doit être suivant l'ordre des signes, puisque son mouvement naturel est contre cet ordre. Donc, pour la faire revenir sur ses pas, ce n'est pas du 10° de Bharani où la place l'observation du Souria-Sidantha qu'il faut faire mouvoir la pointe *EP* vers le 1° d'*Asouini*, qui n'en est distant que de 23° 20' ; ce chemin est le plus court sans doute, mais elle ne reviendrait point sur ses pas ; elle continuerait, au contraire, sa route ; elle prendrait la position qu'elle eut 1,676 ans après l'observation, époque à laquelle on eut encore une coïncidence, mais qui n'est pas celle qu'elle a eue antérieurement à cette époque, et qui doit nous donner la quantité de son déplacement.

Il faut donc la faire remonter du 10° de Bharani ou du second natchtron, au 10° de Pounarvassou ou du septième natchtron ; c'est-à-dire la faire revenir sur ses pas l'espace de cinq natchtrons ; ce sera la quantité dont elle se sera déplacée, dans l'hypothèse que la division s'est faite par les solstices. C'est le moindre déplacement que l'on puisse supposer ; c'est le moindre chemin qu'elle ait à faire pour qu'une de ses extrémités coïncide avec la première maison. Cette extrémité sera celle du colure des solstices, où répond l'hiver pour les Indiens et l'extrémité opposée, celle de l'été pour les Chinois dont la première maison est opposée à celle de la division indienne, comme le solstice d'hiver l'est à celui d'été. Alors la croix mobile se trouvera confondue avec la croix fixe ; et posée exactement sur elle. Alors le commencement de la division,

soit indienne , soit chinoise, partira d'un colure , c'est-à-dire du
commencement d'une saison. Ce sera des solstices si nous nous
arrêtons à la coïncidence la plus prochaine qui ait pu avoir lieu ;
si au contraire on suppose comme nous une coïncidence antérieure
à celle - ci , et si l'on fait encore rétrograder la pointe *E P*
d'un quart de cercle , jusqu'à ce qu'elle réponde aux pieds de la
Vierge , et que l'autre extrémité *E A* vienne au 1° d'Asouini
ou à la tête du Bélier , alors le commencement des deux divisions
partira des deux équinoxes , et nous obtiendrons un accord
parfait de la division solaire avec la division lunaire , avec les
saisons, et avec la chronologie de Pomponius-Méla ; enfin la sphère
aura la position que nous avons dit il y a plus de 25 ans avoir
été la position primitive , comme on peut le voir dans notre
Mémoire sur l'origine du Zodiaque , imprimé alors dans le quatrième tome de l'Astronomie de M. de Lalande , et réimprimé
depuis dans notre grand ouvrage (1) , et comme nous le répétons
dans nos observations sur le Zodiaque égyptien trouvé à Dendra (2).

Voilà quelles sont les conséquences qui suivent nécessairement
de l'observation des colures , rapportés à une division remplie
de points éternellement fixes , comme sont les étoiles casées dans
chaque natchtron ; division dont le point initial est fixe et bien
connu , tel que l'étoile γ de la tête du Bélier , d'où partent les
maisons lunaires chez les Indiens , chez les Perses et chez les
Arabes.

Tous les Pandits que j'ai consultés , dit M. Jones (3) , assurent
à l'unanimité, que le 1° de Mécham ou d'Aries et le 1° d'Asouini ,
premier natchtron , et origine de cette division , coïncident
entre eux. Voilà donc un point bien déterminé.

Certainement, si, lorsqu'on imagina la division par maisons,
les colures eussent été dans la position que leur assigne le Souria-

---

(1) Origine des Cultes, tom. 3 , part. 1re , pag. 324, édit. in-4°.
(2) Revue Philosophique. Mai 1806.
(3) Recherc. Asiat. , trad. , tom. 2 , pag. 433.

Sidantha, c'est-à-dire si le nœud équinoxial de printemps ou la pointe *EP* de la croix eût été au 10° de Bharani, près du troisième natchtron *Cartigué*, qui répond aux Pléiades, ce natchtron eût été appelé le premier et non pas le troisième, et les Pléiades auraient ouvert la marche de la division, ce qui n'est pas. Nous en dirons de même de la constellation *Fung* des Chinois, qui dans la même supposition devrait s'appeler la première, tandis qu'elle est la quatrième.

On ne peut opposer à notre démonstration, car nous osons lui donner ce nom, qu'une seule chose ; c'est de dire qu'on s'est accordé à prendre pour point initial de la division une étoile quelconque au hasard ; à cela je ne fais point de réponse, parceque je n'écris que pour l'homme de bon sens et de bonne foi.

On ne peut rien trouver de plus authentique, de plus précis, que ces positions que nous donnent les Indiens, non-seulement celles des quatre points cardinaux de la sphère, mais encore celles des six points où commencent les ritous, et le tout rapporté aux maisons lunaires, dont nous connaissons le nombre, l'étendue, l'ordre, le commencement et la fin, déterminés par des points éternellement fixes. Il faudrait tout nier, si l'on contestait l'authenticité de ces époques astronomiques.

A l'appui des indications données par le Souria-Sidantha, qui est, comme nous l'avons dit, le plus ancien Traité d'Astronomie des Hindous, livre si respecté qu'on le croit descendu du ciel (1), vient encore le témoignage de Varáha (2), qui écrivit bien des siècles après. On lit dans son ouvrage, renfermé en cinq stances, ces mots : « Certainement le solstice méridional [c'est-à-dire celui d'été, d'où part le Soleil pour s'en aller vers le pôle méridional, ou pour voyager du Nord au Midi] », était autrefois au milieu d'*Alescha*, (ce sont les étoiles de la tête du Lion, comprises dans le neuvième natchtron), « et le septentrional

---

(1) Recherc. Asiat., tom. 2, pag. 169, traduct.
(2) *Ibid.*, pag. 132.

[celui qu'il quitte lorsqu'il remonte vers le Nord] était au 1° de *Danitchta*, » suivant ce qui est rapporté dans un ancien Sastras »; à présent le premier de ces solstices répond au 1° de *Carcata*, c'est-à-dire des étoiles du Cancer; elles sont comprises dans Pournavassou, qui est le septième natchtron, distant de près de deux natchtrons d'Alescha ou du neuvième où répondait l'ancien solstice d'été.

L'autre solstice, celui d'hiver, est au 1° de *Machara*, ou des étoiles du Capricorne; c'est-à-dire dans la vingt-unième constellation ou dans le natchtron nommé *Outtarachara*, au lieu d'être, comme autrefois, au 1° de *Danitchta*, ou du vingt-troisième natchtron.

L'auteur de cette observation écrivait donc près de 400 ans avant l'ère vulgaire, et 1,676 ans après l'époque donnée par cet ancien Sastras dont il cite l'autorité.

Il écrivait à la même époque que l'auteur d'un des Oup-nek'hats (1), qui parle de ces voyages du Soleil, du Nord au Midi et du Midi au Nord; et qui fixe les points de départ au 1° de la constellation du Cancer, et au 1° de celle du Capricorne. C'est dans ces deux constellations que les initiés plaçaient la porte des hommes et celle des dieux [*l*] dans la fiction théologique sur la route des ames, comme on le voit dans notre ouvrage (2).

C'est aussi à-peu-près la position indiquée pour les colures dans la Cosmogonie des Perses, intitulée Boundesh (3); ce qui prouve combien ces ouvrages sont modernes en comparaison des anciens Sastras et du Souria-Sidantha.

En effet, le Boundesh fixe au premier kordeh ou dans le signe de l'Agneau, l'égalité des jours et des nuits au printemps, que

(1) Anquetil, Oupnek'hat, tom. 1, pag. 291—293.
(2) Origine des Cultes, tom. 2, part. 2, pag. 205.
(3) Anquetil, Zend., Avest., tom. 2, pag. 357.

le Souria-Sidantha dit répondre de son temps au 10° de Bharani où à la fin de la seconde maison. Il est vrai que l'étendue d'un kordeh est d'environ 13°, et qu'il ne détermine pas à quel degré du kordeh répondait l'équinoxe, ce qui laisse une incertitude de près de 930 ans. Si nous prenons le milieu, cette époque pourrait bien être de 850 ans au moins avant notre ère, ce qui la placerait un peu au-dessus de celle de la première Olympiade.

Le Boundesh met, sans dire aussi à quel degré, le solstice d'été dans un kordeh du Cancer, au moins dans le huitième ou *Tarké*. Il fixe l'équinoxe d'automne dans un kordeh de la Balance [*m*], » lorsque le *kordeh* de la *Balance* arrive, dit l'auteur de cet ouvrage, les jours sont égaux aux nuits; c'est le commencement de l'automne. Un des kordehs qui répond à la Balance est *Hosro* ou le quinzième. »

. Lorsque le kordeh du Capricorne arrive, ce sont les plus longues nuits; c'est le commencement de l'hiver. Ce kordeh est *Goi* ou le vingt-deuxième.

Et lorsque l'*Agneau* reparaît, c'est-à-dire *Aries*, où commence la division lunaire, les jours sont de nouveau égaux aux nuits.

L'auteur nous trace la route du Soleil du Nord au Midi et du Midi au Nord, ou ce double voyage dont parlent les Indiens. Le Soleil, dit le Boundesh (1), « faisant en haut sa révolution » autour du monde s'arrête au haut du mont *Albordi*, et après » avoir fait le tour du Tireh, il revient sur ses pas »; ce qui ne peut s'entendre que du mouvement en déclinaison. « Depuis » le temps où le soleil arrive dans les longs jours (solstice d'été), » jusqu'à ce qu'il vienne aux jours plus courts (l'équinoxe d'au- » tomne), il est dans l'*Est*. Depuis qu'il est parvenu aux jours » moins longs, jusqu'à ce qu'il vienne aux jours les plus courts » (solstice d'hiver); il est dans le *Midi*. Depuis qu'il est par- » venu aux jours les plus courts, jusqu'à ce qu'il arrive aux jours » plus longs, il est dans l'*Ouest*. Et depuis qu'il est arrivé aux

---

(1) Anquetil, Zend., Avest., tom. 2, pag. 357.

» jours plus longs, jusqu'à ce qu'il arrive aux jours les plus
» courts, il est dans le *Nord* ». Ainsi il est arrivé au terme du
Nord au solstice d'été, et à celui du Midi au solstice d'hiver.
Depuis le terme Nord où il entre dans l'Est pour arriver au terme
Midi, ils disent qu'il est dans l'*Est* 180 jours ; et depuis qu'il
entre dans l'Ouest, ou qu'il remonte, ils disent qu'il est 180 jours
dans l'Ouest. Ils comptent pour ce double voyage 360 jours, plus
5 jours qu'ils y ajoutent.

Chaque mois a son signe particulier. « Le mois Tir, qui est le
quatrième de l'année, répond au Cancer, qui est le quatrième signe
à commencer par l'Agneau. Depuis le Gâh medioschem *dans* le
mois Tir ou le mois du Cancer (1), le jour *Khor* compris
jusqu'au Gâh mediarem dans le mois *Din*, le jour Behram
compris, les jours diminuent et les nuits augmentent ; et du Gâh
mediarem jusqu'à medioschem (au Cancer) les jours augmentent
et les nuits diminuent ».

On voit que l'auteur du Boundesh a bien fixé au Cancer
et au Capricorne les deux termes de la route du Soleil, mais
qu'il n'en a pas déterminé le degré, comme a fait l'auteur de
l'Oupnek'hat que nous avons cité, et comme a fait Varâha chez
les Indiens.

C'est ce que les Indiens appellent l'*Anyanansa* austral et
l'*Anyanansa* septentrional (2) ; c'est ainsi qu'ils disent qu'autrefois l'Anyanansa austral, ou celui d'où partait le Soleil pour aller
au Midi, était dans le *natchtron Alescha* ou dans le huitième,
et que son Anyanansa septentrional était au commencement de
Danitchta ; tandis que l'auteur du Varasanitha, qui est de beaucoup postérieur, fixait ces points de départ, l'un au 1° de Carcatta
ou du Cancer, et l'autre au 1° de Machara ou du Capricorne.

Cette division de l'année tirée de la marche du Soleil du Nord
au Midi et du Midi au Nord, qui a dû être la première observée,
et aisée à déterminer sur l'horizon par les lieux du coucher et du

---

(1) Anquetil, Zend., Avest., tom. 2, pag. 400.
(2) Rech. Asiat., trad., tom. 2, pag. 311.

E

lever du Soleil, aux deux solstices, se retrouve dans le Nord de la Suède (1). Les Votiaks ont aussi fait cette remarque ; ils appellent le mois de juin, le mois où le Soleil s'arrête.

Les Indiens appellent cette division, la division de la chaleur, et la division du froid.

La première, dit l'Oupnek'hat (2), commence au 1° du Capricorne ; c'est celle des signes ascendans ; c'est le voyage vers le Nord ; on l'appelle division de la chaleur. C'est le temps où les Perses disent que le Soleil est dans l'Ouest.

La seconde part du 1° du Cancer ; c'est la division du froid, c'est-à-dire celle qui ramènera le froid ; c'est le voyage du Soleil vers le Midi ».

L'année entière s'appelle *Botxoro* ; elle se divise en deux *théón*, celui d'été et celui d'hiver (3). Chaque théón est soudivisé en trois ritous dont chacun compose une saison. Nous avons parlé plus haut de cette soudivision en ritous : on caractérise chaque ritou par les phénomènes météorologiques de la saison ou du ritou.

Le premier, commençant au solstice d'hiver, est appelé *hyems* ; le second, *pruina* ; c'est leur *nivóse* ; le troisième, *ver* ; le quatrième, *œstas* ; c'est leur *thermidor* ; le cinquième, *pluvia* ; c'est la saison des pluies dans l'Inde ; et le sixième *ritou* se nomme *automne*.

Cette double division de l'année prise du mouvement du Soleil en déclinaison, se retrouve à la Chine, et la progression successive de la lumière croissante et décroissante sépare en deux parties l'année d'une manière si tranchante, qu'elle a été presque partout observée, et qu'elle a fourni une des premières divisions du temps. Les Chinois appellent le temps que dure le voyage du Soleil du

---

(1) Edda Smund., stroph. 26., Mallet, hist. de Dan., tom. 1, ch. 13, pag. 33.
(2) Oupnek'h., tom. 1, pag. 334.
(3) *Ibid.*, pag. 334. et Annal., pag. 612.

Midi au Nord, ou son mouvement dans les signes ascendans, temps de l'*Yang*, ou de la matière subtile affectée au bon principe, à la lumière et à la chaleur ; ils appellent l'autre, ou le temps que dure son éloignement du Nord vers le Midi, temps de l'*Yn*, ou de la matière grossière affectée aux ténèbres et au froid (1).

On pourrait croire que les deux statues colossales placées à la porte du temple de Vulcain en Égypte, et dont l'une regardait le Nord et l'autre le Midi, exprimaient cette double division du temps, et de la marche du Soleil du Midi vers le Nord et du Nord vers le Midi (2). La première, en effet, s'appelait l'*été*, et la seconde l'*hiver*, comme dans la division indienne, qui appelle *été* la marche progressive du Soleil du Midi vers le Nord, que regarde la statue égyptienne, et *hiver* sa marche vers le Midi, que regarde l'autre. La première recevait les hommages du peuple égyptien, et la seconde était traitée d'une manière toute contraire suivant Hérodote. Il est certain que ces voyages du Soleil du Midi au Nord et du Nord au Midi firent des impressions bien différentes sur les hommes. Ce qui se passait en Égypte en est la preuve.

Les Égyptiens, dit Achilles Statius (3), s'affligeaient quand ils voyaient le Soleil quitter le solstice d'été pour se retirer vers le solstice d'hiver ; mais aussitôt qu'il s'arrêtait pour remonter vers le Nord, ils prenaient les habits blancs, et ils ornaient leurs têtes de couronnes en signe de joie. Comme ceci arrivait au septième signe, à compter du solstice d'été, ils faisaient faire sept tours à la Vache sacrée [*n*] autour de l'autel. On retrouve une cérémonie assez semblable chez les Indiens (4), en réjouissance de ce que le Soleil remonte vers l'Inde, dit M. le Gentil, et qu'il va ramener la fécondité [*o*] représentée peut-être par la Vache.

Ce sont les observations que l'on fit de ces deux termes du

---

(1) Souciet, tom. 3, pag. 72.
(2) Hérod., liv. 2, chap. 121.
(3) Uranol. Pétav., tom. 3, ch. 23, pag. 85.
(4) Gentil, Voyage de l'Inde, pag. 180, etc.

mouvement du Soleil en déclinaison, et des amplitudes sur le cercle de l'horizon, qui firent appercevoir le déplacement du lieu des colures dans les maisons lunaires ou dans les natchtrons. On détermina deux points à l'Orient et deux au couchant, qui étaient ceux du lever et du coucher, lors du plus grand jour et du plus court jour de l'année. Ce furent là comme les bornes que tournait le Soleil dans sa carrière annuelle : on s'apperçut au bout de quelques siècles, que lorsqu'il les tournait, il n'avait pas encore atteint les étoiles près lesquelles il se trouvait quand il les tournait autrefois; on jugea donc que le lieu du solstice était moins avancé dans l'ordre des signes qu'il ne l'était autrefois; que conséquemment il y avait déplacement successif et rétrograde des nœuds équinoxiaux et des points solsticiaux.

On suivit ces observations, lorsque le colure eut dépassé les étoiles du Cancer et celles du Capricorne par son mouvement rétrograde. Le Soleil, dit un auteur indien (1), « détruit le Sud » et l'Ouest en rétrogradant, avant d'avoir atteint *Macara*, c'est- » à-dire l'extrémité du Sagittaire ». L'expression rétrograder serait ici à remarquer, puisqu'elle justifierait ce que nous avons dit dans notre Mémoire sur l'origine des Constellations, que le Cancer fut originairement placé au *solstice d'hiver*, pour peindre le mouvement rétrograde (2), et que c'était là véritablement qu'il semblait être rétrograde, et non pas au *solstice d'été*, si on ne l'eût appliquée aussi à l'autre mouvement.

« Il détruit le Nord et l'Est, en rétrogradant avant d'avoir » atteint *Carcatta*, ou vers la fin des Gémeaux »; c'est-à-dire que le colure solsticial, qui partageait avec le colure équinoxial le Zodiaque en quatre parties *Est*, *Sud*, *Ouest* et *Nord*, comme nous l'avons vu plus haut, ne le partageait plus aux mêmes points, et que des étoiles qui, dans les siècles antérieurs, appartenaient à la partie *Nord* ou au quart de cercle intercepté entre le point équinoxial de printemps et le solstice d'été, passaient dans l'*Est*, ou dans la portion interceptée entre ce solstice et l'équinoxe d'automne, qu'on appellait l'*Est*. Il en est de même des points du

---

(1) Rech. Asiat., tom. 2, pag. 432.

(2) Origine des Cultes, tom. 3, part. 1, pag. 836.

solstice d'hiver qui sépare la portion du *Sud* de celle de l'*Ouest*. Ces quatre branches de notre croix fixent ces divisions, et rendent ce changement sensible quand elle se meut.

C'est peut-être la seule manière d'expliquer la tradition [*p*] des Égyptiens rapportée par Hérodote et par Pomponius-Méla, que le Soleil avait changé deux fois son lever et deux fois son coucher [*q*]. Hérodote ne compte que 11,340 ans, mais Pomponius en compte 13,000; c'est-à-dire précisément une demi-révolution des fixes. Effectivement, si au lieu du mot lever, nous prenons levant ou *Est*, et de coucher, couchant ou *Ouest*, il est certain que pendant 13,000 ans juste, deux fois la division appelée *Est*, et deux fois celle appelée *Ouest* changent; car les trois signes compris dans l'Est passent dans le Nord en 6,500 ans, et les trois signes compris dans l'Ouest passent dans le Sud, ou dans la division appelée Sud; c'est-à-dire que les lignes solsticiales et équinoxiales rétrogradent de trois signes en 6,500 ans, et de six signes en 13,000 ans; ce qui nous reporte encore à la position que nous avons appelée primitive, ou ce qui place le solstice d'été dans les étoiles du Capricorne, ou à 13,538 ans de notre ère, ou à 15,338 ans de notre siècle.

Si l'on admettait le calcul d'Hérodote, alors il y aurait déjà eu 1,660 ans d'écoulés depuis le départ de la grande période, lorsque les rois s'établirent en Égypte; mais cela n'empêcherait pas que le renouvellement de trois signes en trois signes ne se fût fait deux fois; seulement le premier était déjà avancé de 23° lorsque l'Égypte se donna des rois.

Supposons donc que tout soit parti du point équinoxial de printemps, occupé alors par la Balance, que les Égyptiens regardaient comme le point de départ des mouvemens célestes et de l'organisation de l'univers (1), alors le véritable point initial des divisions lunaires sera celui des Chinois qui commence aux pieds de la Vierge. Les trois signes de l'*Est* ou les constellations que le soleil parcourait en quittant le solstice d'été étaient le

_____

(1) Firmic.

Capricorne, le Verseau et les Poissons. Le point solsticial rétrogradant jusqu'à ce que la Balance fût le premier des signes
descendans, les trois constellations Balance, Scorpion, Sagittaire,
ont remplacé dans l'*Est*, ou dans le quart de la division des
signes compris entre le point solsticial d'été et l'équinoxe d'automne, les trois signes Capricorne, Verseau et Poisson, qui
ont passé dans le Sud. Le Soleil a donc déjà une fois changé d'*Est*.
Pendant les 6,500 ans suivans, la Balance, le Scorpion, le Sagittaire, ont aussi passé dans le Sud, et le Capricorne, Verseau,
Poisson, dans l'*Ouest*, ou dans la partie comprise entre le solstice
d'hiver et l'équinoxe de printemps. Alors le Capricorne s'est
trouvé le premier des signes ascendans, de premier des signes descendans qu'il était 13,000 ans auparavant. C'est à-peu-près l'état
du ciel donné par le Zodiaque de Dendra et par Eudoxe, et qui
avait lieu au temps d'Amasis. A cette époque c'était le Cancer,
le Lion et la Vierge qui occupaient l'*Est*, et remplaçaient la
Balance, le Scorpion et le Sagittaire, qui eux-mêmes avaient
remplacé le Capricorne, le Verseau et les Poissons qui occupaient
l'*Est* au commencement de la grande année. On sent que ce déplacement n'est qu'une apparence pour ces constellations, et qu'il
provient du déplacement réel, et du mouvement rétrograde du
colure solsticial d'où l'on part pour compter l'Est.

On fit la même observation sur les pleines Lunes solsticiales, et
sur les natchtrons où elles arrivaient, comparés à ceux dans lesquels autrefois elles se trouvaient pleines, aux points coupés par
le colure.

Ainsi, à l'époque à laquelle écrivait l'auteur du Souria-Sidantha,
la pleine Lune qui arrivait le jour même du solstice d'hiver se trouvait être au milieu d'Alescha ou du neuvième natchtron. Ceux
qui observèrent la même pleine Lune le jour du solstice d'hiver
930 ans après, la virent pleine au milieu de Pouchya ou du huitième natchtron. Donc le colure avait rétrogradé de cette quantité en temps, et de 13° 20′ ou d'un natchtron entier en degrés.
Ainsi la pleine Lune solsticiale anticipait de cette quantité dans
le ciel des fixes, ou dans la bande appelée Zodiaque. On dut
donc se convaincre aisément qu'il y avait un mouvement lent qui

reportait en arrière les points solsticiaux et équinoxiaux, et il fut aisé de calculer ce mouvement annuel, en comparant les observations faites à de grandes distances des temps, ou après un grand nombre de siècles. Une très-longue durée suppléa au défaut de perfection dans les instrumens, et les erreurs partagées sur un grand nombre d'années devinrent presque insensibles.

Soit que la quantité de ce mouvement ait varié, soit qu'elle ait été mal calculée par les Indiens, leurs astronomes la font de 54″ par an (1), au lieu de 50″ que nos astronomes lui assignent. C'est sur ce mouvement que les Indiens ont établi des périodes de plusieurs millions d'années ; ces périodes se composent de 60 ans, de 600, de 360 ans ; et à-peu-près des mêmes élémens que les Sosses, les Neres et les Sares des Chaldéens. Or ces périodes étant en usage dès la plus haute antiquité dans l'Orient, si le mouvement de précession en est la base, comme le veut M. le Gentil, il faut que ce mouvement ait été connu en Orient depuis bien des siècles. Aussi M. le Gentil dit que ce sont des connaissances chez eux tout-à-fait dignes de notre attention et respectables par leur ancienneté (2). Il en est de même de l'usage du Gnomon, qui remonte chez eux à la plus haute antiquité ; ils s'en servent pour observer l'équinoxe (3). Ce jour-là, disent les Brames, le Soleil est au milieu du monde, et là où est cet astre les corps ne font point d'ombre [r].

La précession des équinoxes, ajoute M. le Gentil (4), paraît avoir été connue de temps immémorial dans l'Inde ; et les Brames s'en servaient, lorsque Hipparque, 128 ans avant l'ère vulgaire, ne faisait que la soupçonner, et que Ptolémée qui est venu trois siècles après, la faisait d'un degré en 100 ans. L'ignorance des Grecs ne prouve rien contre la science des Orientaux ; et nous aurions tort de croire que les anciens prêtres de l'Égypte, de la Chaldée,

---

(1) Le Gentil, Voyage de l'Inde, pag. 41.
(2) Ibid., pag. 42.
(3) Ibid., pag. 218.
(4) Ibid., pag. 242.

et les Brames fussent peu avancés, parceque les Grecs des âges postérieurs à qui ils communiquèrent difficilement leur science, ne l'étaient pas autant que leurs pères. Ce serait se tromper, que de juger de l'état de la science en Europe, par celle des nations américaines qui commencent à se civiliser. Tels étaient les Grecs relativement aux Orientaux dans la haute antiquité. Vous n'êtes que des enfans, disaient à Solon les prêtres de Saïs, et ils avaient raison.

M. Le Gentil convient que l'on trouve chez les Indiens (1) des traces de cette haute antiquité de l'Astronomie, et que tout semble concourir à prouver que les Brames d'aujourd'hui ne possèdent que les restes d'une science qui a été cultivée bien des siècles avant notre ère. Il est certain que la connaissance de la précession, qui remonte chez eux à une si grande antiquité, n'est point le premier pas qu'on ait fait en Astronomie, comme l'Astronomie n'est pas la première science que les hommes aient cultivée.

Aussi M. le Gentil fait remonter l'Astronomie au-delà de l'époque qu'on assigne à un déluge universel (2). C'est aussi l'opinion de M. Bailly (3). Au moins elle remonte au-delà des déluges connus sous le nom d'Ogygès et de Deucalion, puisque toutes les observations marquées dans notre tableau sont placées au-dessus de ces deux déluges mythologiques.

M. le Gentil s'appuie des autorités de Saint-Cyrille, d'Abydène et du Syncelle. C'est aussi l'opinion de l'historien Josephe (4).

Quant à nous, nous n'insistons ici sur l'antiquité de l'Astronomie chez les Orientaux, qu'afin que les observations que nous marquons sur notre tableau ne paraissent pas invraisemblables, puisqu'il est reconnu que l'Astronomie date de très-loin. On pourrait dire d'elle, comme les Indiens disent du monde, « *c'est un* » *arbre qui n'est point planté d'hier* ».

---

(1) Voyag. de l'Inde, t. 1, pag. 311.
(2) *Ibid.*, pag. 321.
(3) Bailly, Astr. anc., pag. 46, etc.
(4) Hist. des Juifs, liv. 1, ch. 2, v. 9.

Les observations consignées dans le Souria-Sidantha, ne sont pas les seules époques astronomiques données par les Indiens.

D'après un examen approfondi de leurs tables, M. Bailly prétend qu'elles supposent le lieu de l'apogée où il a dû être 4,221 ans avant notre ère (1). Nous avons noté par une ligne sur notre tableau, le lieu de l'équinoxe de printemps à cette époque. Il est peu éloigné du lieu du solstice d'été actuel, où était l'équinoxe de printemps, du temps où fut fait le Zodiaque d'Esné.

Il y a donc 6,027 ans que l'équinoxe de printemps était là. Donc dans 453 ans le solstice d'été sera au point auquel répondait l'équinoxe de printemps lors de la rédaction des tables indiennes. Ces deux points ne sont donc aujourd'hui éloignés l'un de l'autre que de 6°—7'—30". C'est ce qu'on voit sur le tableau.

C'est le terme le plus éloigné des observations anciennes d'où nous ayons déduit le lieu de l'équinoxe de printemps, si pourtant on excepte le Zodiaque d'Esné; cette détermination toute indirecte qu'elle est, n'en est pas moins sûre, si les calculs de M. Bailly sont exacts; car il est ici notre garant.

Elle est précieuse pour signaler tous les points de la route rétrograde des nœuds équinoxiaux, et elle n'est pas invraisemblable d'après ce que nous avons dit de l'antiquité de l'Astronomie dans l'Inde et dans tout l'Orient.

Nous n'avons point marqué le lieu de l'équinoxe au commencement de l'âge de Calyougam, qui remonte à 3,101 avant notre ère (2), ou à 4,907 ans de distance de la présente année; parceque cette date fait partie de périodes fictives, que nous avons analysées ailleurs (3), et parceque nous excluons de notre tableau tout ce qui peut paraître fabuleux.

Au reste, quelqu'opinion que l'on ait de cette époque fixée par

---

(1) Bailly, Astr. anc., pag. 335, Eclairc.
(2) *Ibid*, pag. 13.
(3) Origine des Cultes, tom. 3, pag. 163, etc.

F

M. Bailly , elle n'influe en rien sur les conséquences que nous nous croyons autorisés de tirer des positions données par le Souria-Sidantha, et du défaut de coïncidence des colures avec le point initial de la division du Zodiaque en natchtrons ou en maisons lunaires. Nous avons un Zodiaque indien, imprimé dans les Transactions philosophiques de 1772, qui place l'équinoxe de printemps aux Gémeaux, et les solstices comme dans le Zodiaque d'Esné. Nous en avons parlé dans notre Mémoire sur l'origine des Constellations, et M. Bailly l'a fait imprimer à la fin de son traité de l'Astronomie ancienne. Aussi M. Bailly convient que le point équinoxial était au moins au 1° des Gémeaux quand on créa le Zodiaque. Je prouve qu'il était beaucoup plus loin et à la Balance.

M. Jones (1) nous dit que le Zodiaque est chez les Indiens d'une très-haute antiquité. Or ce Zodiaque renferme l'image d'une Balance ; donc cette image n'est pas moderne. Il ajoute que les noms des étoiles zodiacales se trouvent dans les Vedas, à l'égard desquels, dit-il, je crois fermement sur des preuves tirées d'eux-mêmes (2), et d'ailleurs, que trois d'entre eux ont plus de 3,000 ans d'antiquité (3). Donc, plus de 1,200 avant Auguste, la Balance, qui fait partie de ce Zodiaque, comme on le voit dans celui des Transactions et dans celui de M. Jones, existait (4).

La Balance, dit Bailly (5), fut mise autrefois dans les serres du Scorpion , et il serait difficile de prouver qu'elle eût été inconnue à Ptolémée. Il est certain au moins que Vitruve (6), Geminus (7) et Cicéron qui écrivaient avant Ptolémée la connaissaient. D'ailleurs, ajoute Bailly, il est évident qu'elle était dans le Zodiaque indien depuis longtemps. On me pardonnera

(1) Origine des Cultes , tom. 3 , pag. 331 , 345 , 352.
(2) Bailly, Astr. anc. , pag. 44.
(3) Rech. Asiat. , trad. , tom. 2 , pag. 332.
(4) *Ibid.* , pag. 346.
(5) *Ibid* , pag. 499.
(6) Vitr. , liv. 9 , chap. 67.
(7) Gen. , chap. 1.

cette digression ; j'ai cru devoir attaquer encore l'erreur de ceux
qui s'obstinent à dire, et cela sans aucune espèce de preuve,
que ce symbole n'est pas ancien. Je soutiens qu'il est de la même
antiquité que les autres. On peut voir ce que nous en disons, et
les preuves que nous apportons dans notre Mémoire sur l'origine
des Constellations, et dans nos observations sur le Zodiaque de
Dendra (1). Ce Zodiaque évidemment est partagé en deux par
le colure des solstices ; il est au moins aussi ancien que celui
d'Eudoxe, c'est-à-dire qu'il remonte au moins à 1,400 ans avant
notre ère. Or la Balance y est avec les autres images symboliques
qui caractérisent chacun des douze signes du Zodiaque [s]. Elle
est aussi dans le Zodiaque d'Esné qui remonte encore plus de
2,000 ans plus loin que celui de Dendra.

L'Astronomie des Chinois nous fournit des époques aussi précises et encore plus anciennes que celle des Indiens. Elles ont de
plus l'avantage d'être parfaitement d'accord avec leur chronologie,
fondée sur des cycles. Le cycle d'après lequel ils comptent les
années de leur histoire est le cycle de 60 ans (2), dont font usage
plusieurs peuples de l'Orient.

Le lord Macartney (3), dans la relation de son ambassade en Chine,
nous dit que l'an 1800 de notre ère était la cinquante-septième du
soixante-sixième cycle chinois, ce qui fait remonter le commencement de ce cycle à 2,277 avant notre ère ; c'est-à-dire à l'époque
du règne d'Iao, sous lequel furent faites les observations solsticiales et équinoxiales que nous avons remarquées dans notre
tableau [t].

Si nous retranchons de ce nombre 388 ans, qui s'étaient écoulés
depuis que le colure équinoxial de printemps avait quitté γ du
Bélier où commence la division du cercle gradué, et si nous ré-
duisons le reste en degrés, à raison de 72 ans, nous aurons le
point initial du cycle à 26° 14′ 10″ d'Aries ; c'est-à-dire près de 30°

_____

(1) Revue philosop., Mai 1806.
(2) Mém. sur la Chin., tom. 13, pag. 331.
(3) Lord Macart., tom. 4, pag. 129.

ou 2ᵛ 54' 10ᵛ plus loin que l'équinoxe indien qui répond à 23° 20' sur le cercle, ou au 10° de Bharani. Ce qui donne en temps environ 213 ans de plus d'ancienneté sur l'observation du Souria-Sidantha, laquelle n'est que de 2,064 avant notre ère. L'équinoxe était au 26° 15 environ d'Aries ; et les deux maisons Asouini et Bharani forment ensemble 26° 40 ; il ne s'en fallait donc que 25'. qu'il ne fût hors Bharani, et entré dans Cartigué, ou dans le troisième natchtron qui comprend les Pléiades, et qui correspond à une partie de Mao, dix-huitième maison ou Sou de la division chinoise qui comprend aussi les Pléiades. Il était donc déjà entré dans Mao, dont le commencement répond aux derniers degrés de Bharani. C'est exactement la position qu'il avait sous Iao (1), sous lequel on fait commencer le premier cycle [u].

L'histoire dit que sous ce prince (2), qu'on regarde comme le fondateur de l'Astronomie chinoise (3), ou au moins comme le restaurateur, l'équinoxe de printemps était dans la constellation Mao ou dans le dix-huitième Sou. Le solstice d'été dans la constellation Sing, ou le vingt-cinquième Sou. L'équinoxe d'automne dans la constellation Fang ou le quatrième Sou, et le solstice d'hiver dans la constellation Hiu ou le onzième Sou. On voit donc que ces quatre points cardinaux ou les colures répondent aux mêmes points qui nous sont donnés par le calcul du cycle, dont nous avons parlé plus haut. Ainsi la Chronologie et l'Astronomie sont exactement d'accord chez les Chinois, qui dès la plus haute quantité ont lié la marche des événemens humains à celle du temps et des cieux.

Nous avons marqué sur notre tableau par des lignes ces quatre points, comme ils ont été déterminés par les observations faites sous le règne d'Iao.

Ces observations nous fournissent les mêmes argumens que ceux que nous avons tirés des observations du Souria-Sidantha, pour

---

(1) Souciet, tom. 2, pag. 103.
(2) *Ibid.*, pag. 147.
(3) *Ibid*, pag. 64.

conclure la position primitive, parceque, comme ces dernières, elles sont rapportées aux maisons lunaires, et que les colures ne coïncident pas non plus avec le point initial de la division chinoise ou avec Kio, premier Sou. En faisant mouvoir la croix ou étoile mobile, on verra que ses quatre extrémités passent par ces quatre constellations, et marquent sur le cercle gradué des points plus éloignés de nous, que ne le sont ceux qu'elle marque quand elle est placée sur les quatre points indiqués par les observations des Indiens. Plus de 2,200 ans avant notre ère, ou plutôt à l'époque du commencement du cycle 2,277 ans avant l'ère vulgaire, les Chinois connaissaient l'année de 365 jours ¼, si nous en croyons le père Souciet (1); c'est ce qui résulte de la nature même de leur cycle. Cette année était solaire, et elle se comptait d'un solstice d'hiver à l'autre (2). Tous leurs astronomes fixaient le commencement de leur Zodiaque (3) à un des degrés de la constellation Hiu, à laquelle répondait le solstice d'hiver au commencement de leur cycle de 60 ans, et sous le règne d'Iao.

Leur Calendrier rédigé avant Iao, sous Hoang-ti, remonte à 2,686 avant notre ère; mais Souciet soupçonnant qu'il n'est pas d'une date aussi ancienne, nous n'avons point fait entrer dans notre tableau cette époque (4).

C'est à-peu-près de la même époque que date chez les Chinois la connaissance des armilles ou des sphères (5), de même qu'une observation de l'étoile *a* du Dragon, alors étoile Polaire.

Nous avons marqué sur notre tableau le lieu du colure du printemps, à l'époque de cette ancienne observation qu'on fait remonter à 2,697 avant notre ère (6).

Nous avons aussi marqué le lieu de ce même colure équinoxial

---

(1) Souciet, tom. 2, pag. 138.
(2) *Ibid*, pag 7.
(3) *Ibid*, pag. 64.
(4) *Ibid*, pag. 30.
(5) Bailly, Astr. anc., pag. 20. Not.
(6) *Ibid*, pag. 13 et 119.

lors de l'observation de l'éclipse du Soleil vue à Pékhin, l'an 2155 avant notre ère (1), près de 100 ans avant l'observation des équinoxes et des solstices rapportée dans le Souria-Sidantha.

Nous n'avons noté que cette éclipse, parcequ'elle est la plus ancienne dont il soit parlé dans l'histoire des Chinois (2).

Nous n'avons point noté celle de 776 (3), qui correspond à la première année de la première Olympiade des Grecs, ni beaucoup d'autres pour ne pas charger le tableau. Cependant il en serait résulté un avantage, celui d'avoir sous les yeux la série continue d'observations faites à diverses époques chez ur peuple, qui de tout temps a attaché la plus grande importance à l'Astronomie (4), parcequ'elle se liait à son histoire, comme elle aurait dû se lier à celle de tous les peuples.

On trouvera dans le père Souciet cette série d'éclipses, ainsi que la table des observations du solstice d'hiver faites à diverses époques.

Non-seulement les Chinois connaissaient dès la plus haute antiquité, la durée de l'année solaire, le cycle de 19 ans qui ramène les mêmes conjonctions aux mêmes points du ciel, les années bissextiles, mais ils connaissaient encore la précession des équinoxes qu'ils faisaient comme nous d'un degré environ en 72 ans. (5).

Quant aux Perses, nous avons un monument subsistant de l'antiquité de leur Astronomie, qui fixe d'une manière claire le lieu du colure, des équinoxes, au Taureau et au Scorpion, et celui du solstice d'été au Lion. Ce monument est le fameux monument de Mithra que nous avons expliqué dans notre grand ouvrage (6). Certes, on n'y aurait pas désigné l'équinoxe de printemps par l'effigie du Taureau, si le colure équinoxial n'eût point passé par ce catastérisme ; car dans les siècles postérieurs,

(1) Souciet, tom. 3, pag. 13.
(2) *Ibid*, pag. 30.
(3) *Ibid*, tom. 1, pag. 18.
(4) *Ibid*, tom. 3, pag. 47.
(5) *Ibid*, tom. 2, pag. 103.
(6) Origine des Cultes, tom. 3, part. 1ᵉ, pag. 42, etc.

où le colure rétrograda et passa par Aries, on a substitué le Bélier au Taureau, comme on peut s'en assurer par le monument mithriaque qui se trouve sur le portique d'un temple dans la ville d'Amiens. Là, on a conservé les précieux restes de cet ancien culte; si le Lion y paraît encore avec l'Hydre, ce n'est plus comme constellation solsticiale, puisque le Cancer était alors au solstice d'été, mais comme signe affecté pour domicile au Soleil, de même qu'Aries l'était à son exaltation. Le Lion et l'Hydre sont placés sous les pieds d'une figure qui semble tenir un globe comme dans certains monumens mithriaques que nous avons fait graver. Les images du Soleil et de la Lune, l'une à droite, l'autre à gauche, sont en haut comme dans tous les monumens mithriaques.

On y retrouve aussi la division de l'année en six mois de bien et de lumière, et six mois de mal et de ténèbres [v]; et la distinction du double domaine des deux principes, l'un à droite, l'autre à gauche. C'est à gauche que l'on voit l'arbre d'hiver dépouillé de feuillage [x], auquel est attaché le flambeau renversé qui se trouve dans tous les monumens de cet ancien culte du Soleil *Mithra*, et c'est à droite qu'est l'arbre verd, couvert de feuillages, aux branches duquel sont suspendues deux lampes allumées, au lieu du flambeau élevé. Non-seulement le mois qui répond à chaque équinoxe y est caractérisé d'un côté par le flambeau renversé, et de l'autre par la lampe allumée, comme dans tous les monumens mithriaques que nous connaissons, mais encore les dix autres mois y sont caractérisés par des lampes allumées et droites, pour les six mois de printemps d'été; et par des lampes renversées pour ceux d'automne et d'hiver. C'est un des monumemens les plus précieux que je connaisse, puisqu'il nous montre la filiation des cultes par le changement de symboles, et par la substitution d'*Aries à Taurus*, qui eut lieu dans les siècles postérieurs à l'époque à laquelle le Taureau occupait l'équinoxe de printemps, substitution que nous avons dit (1) avoir dû exister, et cela avant de connaître ce monument.

_____

(1) Origine des Cultes, *ibid*, pag. 44, etc.

On trouve aussi sur un petit portail les douze signes du Zodiaque avec les tableaux qui les accompagnent sur le portail de Notre-Dame de Paris, de l'église de Saint-Denis, de celle de Strasbourg, et sur les heures de la Reine Anne de Bretagne.

Les Perses encore aujourd'hui conservent des traces de la priorité du Taureau sur les autres signes à l'époque où furent composés les monumens mithriaques, qui ont été copiés ensuite par les peuples d'Occident, assez ignorans pour retracer une position céleste, qui de leur temps n'existait plus. Les Perses donc, qui autrefois marquaient l'ordre numérique par les lettres de l'Alphabet, appelaient et appelent encore *A*, le Taureau; *B*, les Gémeaux (2).

A, ou le Taureau ayant été le premier des douze signes, nous sommes donc autorisés à y faire passer le colure, ainsi que par le Scorpion qui lui est opposé, et qui est à l'équinoxe d'automne, désigné par le flambeau renversé, quand le Taureau est à l'équinoxe de printemps, désigné par le flambeau élevé, ou par la lampe allumée et suspendue à l'arbre couvert de feuillages.

Nous pourrions faire venir à l'appui des raisons qui nous autorisent à faire passer les colures par le Taureau et le Scorpion d'un côté, par le Lion et le Verseau de l'autre [*y*], l'observation que les Perses firent de quatre grands astres qui veillaient sur le point initial de chaque saison, et aux quatre coins du ciel (3).

Ces astres étaient Taschter, qui gardait l'*Est*; Satevis, qui gardait l'*Ouest*; Venand, qui gardait le *Midi*; et Haftorang, qui gardait le *Nord*.

M. Bailly fait remonter à 3,000 ans avant notre ère cette fixation. Il voit dans Taschter, Aldebaran ou l'œil du Taureau, qui 5,000 ans avant l'ère vulgaire était au point équinoxial de printemps. Nous avons de cette étoile une observation qui remonte encore plus

---

(1) Chardin, tom. 3, ch. 9, pag. 165.
(2) Anquetil, Zend., Avest., tom. 4, pag. 349.
(3) Astr. anc., ch. 1, pag. 480.

haut, et qui la place à 4° 43′ en-deçà du colure équinoxial. Nous en parlerons bientôt.

Le second astre est suivant lui Antarès ou le cœur du Scorpion qui lui est diamétralement opposé, ou qui diffère de lui de 6° 0 1′. en longitude. Il devait, parconséquent, occuper le point équinoxial d'automne, quand Aldebaran occupait celui de printemps.

Le troisième est Regulus ou le cœur du Lion, qui n'était pas très-éloigné du colure solsticial ou du point du solstice d'été, et que M. Bailly (1) y place 2,300 ans avant notre ère, à-peu-près à l'époque d'Iao.

Le quatrième serait Fomalhaut, ou la belle étoile du Poisson austral, qui fait partie du Verseau, par lequel passait le colure solsticial au point d'hiver, quand le Lion était au tropique d'été. Il n'était guères éloigné du colure que de 6 à 7 degrés.

Ainsi ces quatre astres auront très-bien pu être pris pour les gardiens des points solsticiaux et équinoxiaux, et alors ce sont les mêmes constellations équinoxiales et solsticiales que désignent les anciens monumens du culte mithriaque. Cependant, parceque ce ne sont point des observations directes, nous n'en avons pas fait usage, non plus que de la Chronologie persane qui s'accorde avec ces positions. On la fait remonter à 3,500 avant notre ère (2), ce qui place les colures des équinoxes vers 13 ou 14° de la constellation du Taureau(3). Comme nous ne nous appuyons pas sur la Chronologie pour composer notre tableau, qui doit au contraire la rectifier, nous n'en avons pas fait non plus usage. Si nous en parlons, c'est pour faire voir qu'au moins elle s'accorde aussi avec le monument mithriaque, dont nous avons placé l'époque au plus bas.

Tandis que les Perses qui adoraient le Soleil, sous le nom de Mithra, lui élevaient des monumens, et que les Indiens faisaient

(1) Astr. anc., pag. 481.
(2) Bailly, Ast. anc., pag. 128.
(3) Anquetil, Zend., Avest., tom. 2.

G

ses légendes sacrées, les Grecs, non pas ceux qui nous sont connus par l'histoire, mais ceux dont les prêtres de Saïs parlèrent à Solon (1), composaient en son honneur des poëmes, et célébraient ses douze travaux sous le nom d'Hercule ; sa navigation et sa victoire sur des taureaux qui vomissaient des flammes, et qui gardaient la fameuse toison d'un Bélier, sous le nom de Jason ; ses voyages et ses conquêtes, sous le nom de Bacchus, etc.; car tous ces poëmes supposent les colures aux mêmes points qui nous sont indiqués par le monument mithriaque, comme on peut le voir dans l'explication que nous avons donnée de ces différens poëmes (2). Le premier travail d'Hercule, par exemple, est sa victoire sur le Lion de nos constellations. Donc il était le premier signe, et il occupait le solstice d'été, puisque l'année olympique des Grecs partait de ce point.

Donc l'Astronomie et la Poésie fleurissaient alors en Grèce ; car on ne peut pas supposer que ces poëmes aient été faits ailleurs, quand on voit que toutes les rivières, les montagnes de la Grèce et les villes les plus anciennes y sont nommées. C'est vers ces temps éloignés que remontent les Calendriers, qui plus de 1,400 ans après furent publiés sous le nom d'Hésiode. On y trouve des observations des Pléiades (3), qui datent de la même année que les observations faites à la Chine sous Iao, et du commencement du cycle chinois. En effet, suivant les calculs de Petau (4), elles remontent à 2,278 ans avant notre ère, ou à une année avant le commencement du cycle chinois que nous avons vu dater de 2,277 avant l'ère vulgaire. Cet accord est étonnant entre les époques de ces Calendriers et les observations de la Grèce et de la Chine. Ces Calendriers auraient-ils été empruntés par les Chinois et les Grecs du Calendrier d'un peuple intermédiaire, soit des Chaldéens, soit des Indiens [z]? je l'ignore ; mais un tel accord semble appartenir à un même auteur, plutôt qu'à des observations simultanées en des pays aussi éloignés. Mais quel est cet auteur?

---

(1) Plut. *in Tim.*
(2) Origine des Cultes, tom. 1 et 2, pag. 2.
(3) Plin., liv. 18, ch. 25.
(4) Bailly, Astr. anc., pag. 477.

(51)

Cette date du Calendrier grec, qui coïncide si parfaitement avec celle du Calendrier chinois, nous l'avons marquée par une même ligne dans notre tableau.

On a d'autres observations des Pléiades, qui sont postérieures à celle-ci, environ d'un degré ou de 78 ans, et que le père Petau rapporte à l'an 2,200 avant l'ère vulgaire (1). Elles se placent 136 ans au-dessus des observations du Souria-Sidantba, et 77 ans au-dessous de celles de la Chine et de l'ancien Calendrier grec.

Les observations chaldéennes qui sont de 2,234 se trouvent placées presqu'au milieu entre cette observation des Pléiades de 2,200 et celle de 2278, faite soit en Grèce, soit à la Chine (2).

On sait que Callisthène, qui accompagna Alexandre dans ses conquêtes en Asie, envoya à Aristote des observations suivies faites à Babylone, qui remontaient à 1903, avant l'arrivée d'Alexandre dans ce pays, ce qui place l'époque de ces observations à 2,234 avant l'ère vulgaire. Nous avons marqué dans notre tableau par une ligne le lieu de l'équinoxe de printemps à cette époque. Les Chaldéens avaient plusieurs périodes, telles que le Sosse de 60 ans, le Nere de 600, et le Sare de 3,600 ans; et ils en comptaient plusieurs révolutions, ce qui annonce une Astronomie anciennement cultivée; car on ne commence point par de telles périodes. Néanmoins, comme elles font partie d'une immense Chronologie, que je crois fictive, je n'en ai point fait usage.

Nous avons une observation des Pléiades encore plus ancienne que celle que nous venons de rapporter. Ptolémée marque le lever de ces étoiles 7 jours avant l'équinoxe d'automne.

Bailly (3) conclut qu'il fallait que cette Constellation précédât l'équinoxe de printemps d'environ 10°, ce qui, selon lui, remonte

(1) Bailly, pag. 477.
(2) Ibid, pag. 11.
(3) Bailly, pag. 477. Calendr. de Ptolemée de Appar. Origine des Cultes, tom. 3, part. 3, pag. 274; et Pétav. Uranol., tom. 3, pag. 99.

à 2,997 ou près de 3,000 ans avant l'ère vulgaire. Nous avons marqué dans notre tableau par une ligne le lieu où passait le colure équinoxial à l'époque fixée par cet ancien Calendrier.

Elle est absolument la même que celle que nous donne le livre de Job, d'après l'observation des mêmes Pléiades, qu'il nomme *Chima* (1); et Bailly la fait remonter à 3,000 ans avant notre ère. Il pense avec raison que Kima annonçait le renouvellement de la nature au printemps; c'est l'arbre couvert de fleurs, et que *Kesil* annonçait son engourdissement; c'est l'arbre qui va se dépouiller de son feuillage; autrement c'est le flambeau élevé et le flambeau renversé du monument mithriaque, ou astronomiquement, c'est le Taureau près duquel sont les Pléiades, et le Scorpion qui lui dévore les testicules dans le monument de Mithra.

Les Pléiades sont appelées *Kimo*, les astres de la chaleur, par les Syriens (2). C'est l'astre Mao des Chinois, compris dans le dix-huitième Sou chinois, dans lequel les observations d'Iao placent l'équinoxe de printemps; c'est le *Tsouria* des Arabes, le *Perouez* des Perses, qui dans les maisons lunaires de ces deux peuples occupent la troisième maison; enfin c'est le troisième natchtron indien, ou Cartigué.

Le point opposé est, dans la division chinoise, la quatrième constellation ou *Fang*, qui comprend une partie des étoiles du Scorpion; c'est-à-dire les étoiles auxquelles répondait l'équinoxe d'automne sous Iao, quand celui de printemps répondait à Mao et aux Pléiades. Or on voit effectivement que la maison lunaire, qui y répond chez les Arabes, est *Kelil*, nom dont *Kesil* n'est qu'une variante, et Alkelil n'est que ce nom avec l'article arabe; car l'on peut dire également Alkesil, comme on dit *Alkelil*.

Plusieurs commentateurs du livre de Job, entre autres le savant professeur royal, *Vatable*, ont bien vu que par *Kimah* on devait entendre les astres de printemps ou les Pléiades, et par *Kesil*;

---

(1) Bailly, pag. 477.
(2) Orig. des Cult., tom. 3, part. 2, pag. 39.

le Scorpion, remarquable par sa belle étoile Antarès, désignée, suivant Bailly, dans la Cosmogonie des Perses, comme l'étoile qui surveillait l'équinoxe d'automne.

Nous ne prétendons pour cela que le livre de Job remonte à une époque aussi éloignée ; mais son auteur a fait ce que souvent ont fait les Grecs, et en particulier Eudoxe ; il a fixé les colures là où ils n'étaient plus de son temps, et là où les anciens livres, les anciennes traditions les plaçaient.

Nous avons marqué cette époque dans notre tableau sur la même ligne ou sur le colure, qui fixe l'équinoxe de printemps, d'après l'observation de Ptolémée rapportée ci-dessus, et qui appartient au même Calendrier, ou au moins à la même époque.

Mais de toutes les observations directes, car l'époque de l'apogée des tables indiennes est indirecte, la plus ancienne, excepté toujours le Zodiaque d'Esné, est celle d'*Aldebaran* ou de l'œil du Taureau, qu'on prétend avoir été faite par un Caldéen, nommé Hermès, né à Calovaz (1). Elle est rapportée par M. Édouard Bernard. (*Transact. Philosoph.*, n°. 158, année 1694, abrégé, t. 1, p. 251.)

Cette étoile fut observée à 4° 43' en deçà de l'équinoxe, ce qui fait remonter l'époque de l'observation, suivant Bailly, à l'an 3362 avant l'ère vulgaire, à 5,168 ans avant la présente année 1806. Nous l'avons notée dans notre tableau ; seulement le dessinateur n'a pas placé assez bas l'œil du Taureau ; mais la ligne du colure, ce qui nous suffit, est à sa véritable place.

Le père Pezron place la fondation de Babylone à 3,244 ans de notre ère ; cette observation serait antérieure de 118 ans.

Cet Hermès avait passé en Éthiopie et en Égypte ; ainsi nous pouvons regarder cette ancienne observation comme appartenant aux Égyptiens.

Les Égyptiens nous fournissent encore d'autres époques. Nous avons plusieurs observations de levers de Sirius, entre autres une

(1) Bailly, pag. 356.

qui marque ce lever 4 jours après le solstice d'été, ce qui pour la Haute-Égypte remonte suivant Bailly (1), à 2,550 ans avant notre ère, c'est-à-dire à l'époque la plus rapprochée que nous puissions supposer aux colures dans le monument de Mithra.

Cette observation est rapportée par Ptolémée dans son Calendrier météorologique (2).

Ptolémée en rapporte encore plusieurs autres qui remontent moins haut (3).

Hipparque (4) a fixé pour son temps ce lever 30 jours plus tard que le solstice d'été.

Bailly, d'après les calculs de Bainbrige, dit que le lever héliaque de Sirius n'a pu concourir avec le solstice d'été qu'environ 2,800 ans avant notre ère (5). C'est à-peu-près à cette époque, ou à l'an 2782 avant l'ère vulgaire (6) que commença la période sothiaque, qui se renouvela l'an 1322 avant l'ère vulgaire suivant Censorinus [aa], comme nous l'avons fait voir dans notre dissertation sur le Phénix, lequel suivant Synesius (7) était l'expression symbolique d'une période égyptienne.

Nous avons marqué par une ligne sur notre tableau, le lieu de l'équinoxe de printemps à l'époque de chacun de ces renouvellemens.

Nous trouvons également en Égypte une observation de Regulus, qui place cette étoile sur le colure même du solstice d'été.

Murtadi (8) l'a rapportée d'après Abulmazar, et d'après deux

---

(1) Astr. anc., part. 11, pag. 402, 403.
(2) Origine des Cultes, tom. 3, part. 2, pag. 272.
(3) Uranol. Pétav., tom. 3, pag. 98.
(4) *Ibid*, Hipp., liv. 2, ch. 3, pag. 119.
(5) Bailly, pag. 397.
(6) *Ibid.*, part. 11, pag. 398.
(7) Synes. Dio., pag. 49.
(8) Descript. des Merveilles de l'Egypte, trad. de Vatier, pag. 35.

anciens livres égyptiens, qui disaient que le monde avait été renouvelé après le déluge, lorsque Regulus était dans le solstice d'été. M. Bailly (1) observe que Regulus a dû se trouver dans le colure 2,300 ans environ avant notre ère, c'est-à-dire à l'époque même du règne d'Iao, au commencement du cycle chinois, et à l'époque du Calendrier grec publié sous le nom d'Hésiode. Voilà donc l'Égypte, la Chine et la Grèce qui se réunissent à fixer une même époque dans les fastes de l'Astronomie. C'est sans doute le souvenir de cette époque, à laquelle Regulus était au point initial de l'année solsticiale et des signes descendans qui l'a fait appeler *le chef des mouvemens célestes.* Αρχή τῶν ὀρανιῶν, par les Chaldéens (2).

Nous avons confondu sous la même date et placé sous le même signe ces trois observations faites à la même époque en Grèce, en Chine, en Égypte ; et c'est là l'avantage de nos rapproche-mens dans ce tableau comparatif.

Lorsque les époques fixées par les Calendriers ou Zodiaque de Dendra et d'Esné seront bien déterminées, on pourra soi-même les marquer sur le tableau par des lignes semblables à celles que nous avons tirées. Mais il y règne encore assez d'incertitude au moins pour nous, pour que nous n'ayons osé encore marquer d'une manière pré-cise le lieu de l'équinoxe de printemps à ces époques. M. de Lalande le fixe pour celui de Dendra, comme Eudoxe, au milieu des signes; nous, au 19° d'Aries. M. Nouet, savant astronome de l'expédition d'Égypte, qui a vu ces Zodiaques sur les lieux, les fait encore remonter plus haut que nous, d'après des calculs et des données que nous ne pouvons avoir. Notre ami commun, M. Marcoz de Chambéry, savant modeste, mon ancien collègue à la Conven-tion, et l'ami particulier du vertueux et malheureux Condorcet, avec lequel il a vécu une année dans la maison de la courageuse madame Vernet, où ce philosophe était caché, ma communiqué récemment quelques recherches manuscrites que lui a données M. Nouet sur les Zodiaques de Dendra et d'Esné.

---

(1) Bailly, pag. 481.
(2) Théon, pag. 122 et 113.

J'espère que ces précieuses observations feront partie du travail des savans qui ont été de l'expédition d'Égypte, dont je devais être aussi. En attendant qu'ils publient cet intéressant ouvrage, je ne laisserai pas ignorer au public l'opinion du savant astronome qui a vu et jugé ces monumens.

Le résultat des calculs de M. Nouet, est que le Zodiaque de Dendra remonte à 3,856 ans, c'est-à-dire à 2,056 avant notre ère, ou à l'époque donnée par le Souria-Sidantha, qui est de 2,064 ans (1), au 10° de Bharani.

Ainsi les positions indiquées dans l'Inde par le Souria-Sidantha, et en Égypte par le Zodiaque de Dendra, sont absolument de la même époque. Voilà une coïncidence assez remarquable.

C'est dans le seizième natchtron, Wisaka, que le Souria-Sidantha fixe l'équinoxe d'automne. Ce natchtron comprend plusieurs étoiles de la Balance. M. le Gentil en compte jusqu'à douze. M. Nouet prend aussi pour le point équinoxial d'automne l'étoile K de la Balance, qui à 7^8 25' de longitude ou 210° 25'.

Le seizième natchtron, Wisacka, comprend effectivement cette étoile; et s'étend depuis 200° jusqu'à 213° 20' de longitude, comme on peut le voir dans notre tableau et dans les recherches Asiatiques (2).

Ainsi les calculs de M. Nouet donnent rigoureusement les mêmes positions des colures pour l'époque de Dendra, que celles que le Souria-Sidantha donne pour l'Inde. Il les place donc dans Bharani, dans Alescha, dans Wisacha, et au 10° de Danitchta. Aussi M. Nouet sans s'être concerté avec moi, puisque mon tableau était gravé et mon Mémoire fait avant que j'eusse communication de son travail, remarque dans son Mémoire manuscrit, que j'ai sous les yeux, que le colure du solstice d'été devait passer à cette époque par les étoiles de la crinière du Lion, les moins avancées en longitude. C'est effectivement par là que nous avions fait passer

---

(1) Cidess., pag. 33.
(2) Recherc. Asiat., tom. 2, traduct, pag. 340.

et déjà graver dans notre tableau le point solsticial d'été, que le Souria-Sidantha place dans le neuvième natchtron, ou dans Alescha, où l'on voit que nous avons casé les étoiles de la crinière du Lion. En effet, on y voit cinq étoiles de la face et de la crinière du Lion. Le Gentil les appelle μ et ε de la tête du Lion. Ces étoiles ont, l'une ε, 4ˢ 17° 54′ 39″ de longitude ; l'autre μ, à 4ˢ 18° 38′ 34″, c'est-à-dire, qu'elles sont éloignées de près de trois signes ou d'un quart de cercle de l'étoile par laquelle M. Nouet fait passer le colure de l'équinoxe d'automne ; ce qui doit être.

Il est impossible de trouver un accord plus parfait, sans s'être entendu, et sans avoir pris les mêmes bases ; car c'est par le moyen du Zodiaque lunaire, dont M. Nouet n'avait pas de connaissance, que je suis arrivé au même résultat, en cherchant les époques astronomiques, lui de l'Égypte et moi de l'Inde. Il s'appuie du Zodiaque de l'Atlas de Farnèse, dont Passeri a donné l'explication dans le troisième volume de ses *Gemmæ Astriferæ*, et dont Bentley a inséré la figure dans son Manilius. Le colure de l'équinoxe de printemps dans ce Zodiaque passe précisément par les mêmes étoiles où commence la division des maisons lunaires chez les Indiens, chez les Perses et chez les Arabes ; et la sphère y a la position que nous appelons primitive sous le rapport des colures. La seule différence, et elle est d'une moitié de la grande période, c'est que dans le Zodiaque de Farnèse, l'équinoxe de printemps au lieu de celui d'automne, est celui qui coïncide avec le premier natchtron, ou avec le point initial de la maison lunaire chez les Arabes, chez les Perses et chez les Indiens.

Nous avons dit plus haut (1) qu'il n'avait pas été difficile aux anciens observateurs, avec un peu de constance, de s'appercevoir de la précession des équinoxes ou du mouvement rétrograde des colures, et de le calculer avec assez de précision. Nous avons même indiqué comment ils avaient dû s'en appercevoir.

M. Nouet prouve qu'effectivement les Egyptiens la connaissaient

---

(1) Ci-dess., pag. 20.

H

avant l'époque du Zodiaque de Dendra [*bb*], et il le prouve par le Zodiaque d'Esné, où les colures ne sont pas aussi avancés que dans celui de Dendra. En effet, le colure solsticial passe dans les étoiles de la crinière du Lion, dans le Zodiaque de Dendra, et c'est entre la queue du Lion et les premières étoiles de la Vierge qu'il passe, suivant lui, dans celui d'Esné. Les constellations ascendantes sont, à partir du mur du temple, les Poissons, le Bélier, le Taureau, les Gémeaux, le Cancer et le Lion. Les constellations descendantes sont, à partir de l'entrée du péristile au mur du temple, la Vierge, la Balance, le Scorpion, le Sagittaire, le Capricorne, le Verseau.

D'après cette disposition le solstice d'été, continue M. Nouet, se trouve exactement entre les constellations du Lion et de la Vierge. C'est précisément la position que nous donne le Zodiaque indien imprimé dans les *Transactions Philosophiques* de 1772, et à la fin du volume de l'*Astronomie ancienne*, par M. Bailly. Les douze constellations du Zodiaque y sont rangées autour d'un quadrilatère, de manière que le Soleil montant part des Poissons, qui sont au bas de la colonne de droite, et qu'en descendant il part de la Vierge, qui est au haut de la colonne de gauche. M. Nouet estime le mouvement rétrograde des colures, depuis cette époque, d'un quart de la révolution des fixes, ou de trois signes entiers ; ou, pour parler dans le style énigmatique des prêtres d'Égypte, le Soleil a changé depuis cette époque une fois son lever et son coucher, ou plutôt son *Est* et son *Ouest*. En effet, à cette époque éloignée, les trois signes affectés à l'Est, en partant du solstice, ou les trois signes d'été étaient la Vierge, la Balance et le Scorpion.

Aujourd'hui ce sont ceux d'automne, puisque le colure équinoxial actuel répond où passait alors le colure solsticial. Ils sont donc transportés dans le quart de cercle appelé *Sud*.

Aujourd'hui ceux de l'Est, ou ceux que parcourt le Soleil, après avoir atteint le solstice d'été, ou les trois signes d'été actuels, sont les constellations des Gémeaux, du Cancer et du Lion, qui étaient alors celles du Nord, il y a 6,500 ans.

On en dira autant des constellations de l'*Ouest*, qui, à cette époque éloignée, étaient les trois premiers signes ascendans, savoir, les Poissons, le Bélier et le Taureau, ou les trois constellations d'hiver, qui sont devenues celles du Nord ou du printemps, et qui ont été remplacées par le Sagittaire, le Capricorne et le Verseau.

C'est ainsi qu'on peut dire, en style énigmatique, que le Soleil a changé son *Est* et son *Ouest* une fois depuis l'époque indiquée par le Zodiaque d'Esné, et par celui de l'Inde, qui remonte précisément au même siècle, comme les Égyptiens ont dit qu'ils en avaient changé deux fois en 13,000 a..s.

Voilà donc le monument d'Esné d'accord avec un monument de l'Inde, comme celui de Dendra, qui est de 2,550 postérieur, se trouve d'accord avec l'époque consignée dans le Souria-Sidantha. Il existait plus de 1,200 ans avant l'époque des pyramides [*cc*]; aussi le temple d'Esné porte-t-il des caractères d'une haute antiquité.

M. Nouet remarque que ce temple se trouve entièrement sous la ville, par l'amas successif des débris de maisons, qui se sont succédées pendant une longue suite de siècles. Il ne reste plus qu'une ouverture en avant du péristile, par laquelle on descend les décombres des environs, et dans quelques siècles on perdra le souvenir d'un temple entièrement conservé et enseveli sous terre.

Quelqu'éloignée que soit cette époque, elle n'est pas encore celle de la coïncidence des colures avec le commencement des natchtrons indiens et des Sou chinois, puisque le Zodiaque d'Esné fait passer le colure par la tête de la Vierge et par les Poissons; et que la division primitive exige qu'ils passent par les pieds de la Vierge et par la tête du Bélier, ce qui remonte encore à 1,900 ans plus haut, et même à 8,400 ans, si c'est du colure équinoxial que la division est partie comme nous le pensons. Cette distance dont la position donnée par le Zodiaque d'Esné est de celle que nous appelons primitive, parcequ'elle passe par le point initial de la division des vingt-huit maisons arabes,

persanes et chinoises, et des vingt-sept natchtrons, deviendra
sensible à l'aide de l'aiguille ou croix mobile, dont on placera
une extrémité sur le cou de la Vierge, c'est-à-dire sur la ligne marquée *E A* ou sur l'équinoxe d'automne actuel ; l'intervalle qui sera
toute la constellation de la Vierge jusqu'à la pointe de la croix
gravée et fixée, nous donnera la mesure du chemin qu'avait fait
le colure depuis qu'il s'était trouvé dans la position primitive,
et que la croix mobile avait été la dernière fois confondue avec
la croix fixe ; je dis la dernière fois, car elle avait pu l'être
6,5oo ans auparavant, si la branche de la croix, qui touchera
d'un côté les pieds de la Vierge et de l'autre la tête du Bélier,
est le colure équinoxial.

C'est le tableau abrégé des dates astronomiques, prises depuis
la Chine jusques en Grèce, c'est-à-dire dans tout l'Orient et en
Europe, ainsi qu'en Égypte dans les siècles les plus éloignés,
et dont la plus rapprochée est celle du Souria-Sidantha, que nous
mettons sous les yeux des amis de la Philosophie et de la Science
ancienne ; car c'est pour eux seuls que nous écrivons. Nous citons
les autorités dont nous nous appuyons, et ce sont des savans
estimables et connus par leurs lumières, ainsi que des monumens
bien authentiques. Ce sont les calculs de Petau, des PP. Gaubil
et Souciet, de Bailly, de Freret, etc., que nous suivons. Il n'y
a presque rien de nous que les rapprochemens ; mais ces rapprochemens faits pour la première fois, sont tout. En effet, tant
que les diverses parties du tableau sont isolées elles sont presque
nulles pour les conséquences qu'on doit en tirer ; rapprochées elles
jettent de toutes parts des rayons de lumière qui nous éclairent
dans l'étude de l'antiquité.

Il est curieux d'envisager d'un seul coup-d'œil l'antique et
immense chaîne qui lie le système général des connaissances
astronomiques sur une grande partie du globe, d'en appercevoir
la filiation, d'en saisir les rapports, et de se former une idée
juste de l'état de la science astronomique, et par une conséquence assez naturelle de celle des arts et des autres connaissances
humaines, dans des siècles où l'on prétend que les hommes étaient
à peine réunis en société, au moins venaient d'éprouver une

destruction presque générale. On voit au contraire que les beaux temps de l'Astronomie ,. ceux des fictions poétiques et des monumens religieux, auxquels l'Astronomie a servi de base, remontent à 4,700 ans au moins avant notre ère ; qu'à cette époque on trouve de magnifiques temples chargés des caractères de la science , et marqués au coin de la grandeur. C'est surtout dans tout l'espace des temps que le colure équinoxial a mis à rétrograder des premières étoiles des Gémeaux jusqu'aux Pléiades, c'est-à-dire à parcourir, par son mouvement lent et rétrograde, toutes les étoiles du Taureau, que nous voyons se réunir les observations astronomiques chez les peuples les plus éloignés ; et souvent ces observations, par leur coïncidence, fixer une même époque astronomique chez tous les peuples, et les rapprocher en quelque sorte les uns des autres.

On a vu, par exemple, la Chine et la Grèce dater leur Calendrier de la même époque astronomique (1), époque conservée aussi chez les Égyptiens par une observation de Regulus, placé au colure solsticial ; et chez les Chaldéens, par la dénomination de chef des astres ou des mouvemens célestes, donnée au même Regulus. On a vu également les Zodiaques d'Égypte , sculptés à des époques très-éloignées , s'accorder avec les positions données par le Zodiaque indien des transactions, et par le Souria-Sidantha. Ce sont des rapprochemens qui n'ont pu se faire que par un tableau comparatif, tel que celui-ci. Quelles conséquences , quelles pensées doivent se présenter à l'esprit ! Je les abandonne à la sagesse du lecteur, placé d'un côté entre les dates du ciel et de l'Astronomie, et de l'autre, entre celles de nos chronologistes et de nos historiens : je n'ai pas dit de la terre ; car c'est dans son sein qu'on doit chercher les dates de son antiquité et de ses révolutions. Le monde n'est jeune que pour les historiens, parceque l'histoire, au moins celle qui nous reste, est moderne, et que le temps chaque jour nous fait oublier les événemens anciens, et en ensevelit les monumens sous les ruines de plusieurs milliers de siècles.

---

(1) Ci-dessus, pag. 55.

Il m'eût été facile de faire ressortir cette différence qui existe entre les dates de la Chronologie historique et celles de la Chronologie astronomique, en marquant sur le cercle gradué le lieu qui répond aux équinoxes, aux époques que supposent ces dates fournies ou supposées par nos historiens. Mais j'aurais trop chargé le tableau ; et c'est un travail que chacun peut faire à l'aide de la méthode que nous avons indiquée plus haut (1). On les trouvera pour la plupart placées au-dessous de la ligne qui détermine le lieu de l'équinoxe de printemps chez les Indiens, marqué sur le tableau d'après le Souria-Sidantha.

J'invite même le lecteur à faire ce travail ; ce sera le moyen de rendre ce tableau plus complet, plus utile, et de lui faire naître à lui-même des réflexions qui nous auraient échappé, ou que nous n'aurions pas cru devoir faire.

Si l'étude de la Chronologie peut trouver dans ce tableau des lumières que ne lui fournit pas l'histoire, celle de la Mythologie n'en tirera pas moins de secours. Notre clé astronomique que nous avons déjà employée dans l'analyse des poëmes sacrés, des fables religieuses, et des monumens du Sabisme, va devenir beaucoup plus parfaite par le tableau comparatif des maisons ou des stations de la Lune, laquelle, sous des noms aussi variés que ceux du Soleil, joue le plus grand rôle dans la Mythologie de tous les peuples.

Cette clé devient surtout nécessaire pour l'explication des fables indiennes, qui souvent se sont reproduites avec des caractères peu différens dans la Mythologie des Grecs. Cette filiation, ou au moins cette ressemblance, a été déjà reconnue par plusieurs savans, et surtout par ceux de l'académie de Calcutta.

Il suffit pour se convaincre des rapports qu'ont avec le ciel et les astres la plupart des fictions indiennes, excepté celles qui ont évidemment pour objet les êtres moraux et les êtres métaphysiques qui figurent avec les êtres astronomiques et physiques

---

(1) Ci-dessus, pag. 38.

dans toutes les Mythologies, de jeter un coup-d'œil rapide sur les histoires sacrées des Indiens [*dd*].

On trouve à leur tête la généalogie des Enfans du Soleil et de ceux de la Lune, dont l'histoire est si merveilleuse, et la durée de la vie si prodigieuse, qu'il est impossible d'y voir une histoire de rois, de princes ou de Brahmes, enfin d'hommes. Dans cette généalogie monstrueuse on y reconnaît toutes les planètes, sous leurs noms connus dans l'Inde; telles Soucra ou Vénus, Bouden ou Mercure, Brashpadi ou Jupiter, Mangalam et Angkaan ou Mars et Sani ou Saturne; chacune donne son nom à un des jours de la semaine dans l'ordre que nous connaissons [*ee*]. Les étoiles de l'Ourse y sont appelées les sept Richys et les sept Patriarches (1), ou les Septarohis (2).

Chaque mois a aussi son Patriarche, de même que chaque signe chez les Chaldéens avait un grand Dieu qui y présidait, comme nous avons vu plus haut (3).

Le Soleil prend des noms variés dans chacun des mois de l'année. Ce sont les douze Adyties, qui ne sont autre chose que l'emblème du Soleil, et les formes dans chaque mois de l'année. Les Égyptiens prétendaient aussi que les images du Soleil variaient dans chacun des 12 signes (4). Ces formes chez les Indiens sont souvent celles que prend *Vischnou*, qui est le nom d'un des Adyties. On en verra un exemple bientôt dans son incarnation en Poisson Oxyrinque ou à longue corne, Poisson du Nil adoré en Égypte.

On lui composait sa cour et son cortége, dont les vingt-huit natchtrons et les ritous ou saisons de deux mois faisaient partie.

Comme souvent on ne comptait que pour une saison les deux dernières ou celles d'hiver, on le représentait avec cinq pieds au lieu de six.

(1) Rech. Asiat., tom. 2, pag. 181, etc.
(2) Bagawad, liv. 5, pag. 147; liv. 9, pag. 269; liv. 12, pag. 324.
(3) Rec. Asiat., tom. 2, pag. 442.
(4) Jamblich., ch. 37 de myster.

Souvent on ne donnait qu'une roue à son char [*ff*] ; mais cette roue avait douze rayons, et le char tournait autour du Mont-Merou, ou du pôle et de l'axe du monde appelé de ce nom.

On désignait le plus souvent le Soleil sous les noms d'Aditto et de Souria. On supposait que plusieurs fois il était descendu de son char pour prendre la figure humaine, et sauver les hommes comme dans son Incarnation ou Chrisnou (1).

La Lune se nommait *Tchandren*. On lui donnait vingt-sept femmes, car on la faisait mâle ; d'autres disent vingt-sept filles. On dit que Tchandren ayant été condamné à mort, obtint le droit de renaître après sa dissolution ; ce qui convient parfaitement à la Lune, qui tous les mois après la déperdition succesive de sa lumière, renaît encore le mois suivant, et comme *Isis* rassemble les membres épars de son époux ou, sans figure, les feux ou rayons de lumière que lui envoie le Soleil, son époux Osyris ou O-Souria.

Sparsos recolligit ignes.

Ailleurs ces vingt-sept maisons, ces vingt-sept jours s'appellent les vingt-sept filles de Dacka ou de Tacchin, et les compagnes de *Soma*, qui est un autre nom de la Lune (2). On fait ce Tchandren le roi des végétaux, pour désigner l'influence de la Lune sur les productions de la terre. Il témoigna une amitié de préférence à une de ses femmes, à Rogami ou Rohani. C'est le nom du quatrième natchtron ou des Hyades, lieu de l'exaltation de la Lune, que les Coptes (3) appellent la grande maison d'Orus ou du printemps, et à laquelle ils font présider l'ange Hyaiel, nom formé de celui des Hyades.

L'amour, fils de Vénus, déesse du printemps, et qui a son exaltation aux Poissons, avait pour ami Vasanta, ou le second

_____

(1) Recherc. Asiat., tom. 2, pag. 433.
(2) *Ibid.*, tom. 2, pag. 34.
(3) Kirk., Œdip., tom. 2, part. 2, pag. 242.

ritou qui commence aux Poissons. Son attribut était un Poisson,
c'est-à-dire la constellation dans laquelle commençait la saison
Vasanta, comme on peut le voir dans le tableau.

Je n'entrerai pas dans de plus longs détails sur les fictions indiennes, qui ont des rapports incontestables avec les corps célestes
personnifiés et mis en scène poétique. Je ne puis donner ici qu'un
apperçu très-succint du résultat de mes recherches sur les Cosmogonies et sur les Théogonies anciennes.

Ce que j'en ai dit ici suffit pour m'autoriser à chercher dans
le ciel, dans le Soleil, dans la Lune, dans les astres, planètes
ou fixes, l'origine ou le sens de beaucoup de fictions sacrées des
peuples de l'Inde.

C'est là ce que proprement les Indiens appellent leur Astronomie
poétique et allégorique, qui, suivant eux, ne doit pas être confondue avec la véritable Astronomie (1) ou avec l'Astronomie
pure ; ils disent qu'il ne faut pas confondre le langage des Djyan-
tichicas, ou astronomes mathématiciens, avec celui des Poura-
nichas, ou des fabulistes poétiques ; que c'est uniquement à cette
confusion qu'il faut imputer les erreurs nombreuses des Européens
au sujet des sciences indiennes.

Les partisans des Pouranas (2), qui soumettent toute la nature
à un système de Mythologie emblématique, supposent qu'une
nymphe céleste préside à chacune des constellations ; et que le
dieu Soma ou Lunus, ayant épousé douze d'entre elles, donna
naissance à douze génies ou mois, qui portent le nom de leurs
mères. Effectivement ces noms se tirent des douze natchtrons où
la Lune de chaque mois est pleine. Tel est le sens de cette allégorie.

C'est parceque le génie poétique personnifiait ainsi tout dans
l'Univers, que Chumonton dans l'Ezour-Vedam, reproche à
Biache, qui parle d'après les fictions sacrées de l'Inde, d'avoir
donné des figures d'hommes au Soleil, à la Lune, aux étoiles,
et de les avoir personnifiés. C'est un pareil reproche qui a été

_____

(1) Rech. Asiat., tom. 2, pag. 233, trad. in-4°.
(2) *Ibid.*, pag. 337.

I

fait aux Grecs et aux Romains , par les ignorans adversaires
de leurs fictions sacrées , qu'eux-mêmes n'entendaient pas assez
pour les défendre et pour expliquer les allégories qu'elles renfermaient. Après avoir bien caractérisé ici le génie poético-allégo-
rique qui a donné naissance à ces fables des Indiens , et qui a
servi de principe de composition aux statues souvent bizarres de
leurs divinités , nous allons prouver par quelques exemples l'usage
qu'on peut faire de notre tableau pour les analyser.

Les Indiens ont leur dieu Cartigué , qu'ils représentent ayant
six visages , et assis sur un Paon. Dans chacune de ses mains est
un attribut du dieu de la guerre.

Il suffit de jeter un coup-d'œil sur notre tableau pour reconnaître que ce dieu est le génie qui préside au troisième natchtron ,
qui contient les Pléiades , et qu'on nomme *Cartigué* , celui qui
donne son nom au mois marqué par le coucher des Pléiades ,
et dans lequel était pleine la Lune de la fin d'octobre.

On verra que les étoiles qui répondent à ce natchtron sont
au nombre de six ; c'est l'*exastron* des Pléiades (1) , et que le
Paon est l'oiseau affecté à ce natchtron. Les Pléiades sont sur
la fin de la constellation du Bélier , domicile de Mars , dont le
signe caractéristique accompagne l'animal céleste , Bélier , gravé
dans ce tableau. Telle est l'origine des attributs militaires qu'on
lui donne [*gg*]. C'est ainsi que dans la sphère de Bianchini le
premier decan du Bélier , qui est affecté à la planète de Mars ,
est représenté avec une arme ; c'est une hache , et il est placé
sous la planète de Mars , qui a la pique.

Les six faces représentent les six étoiles des Pléiades ; car
quoiqu'on en compte souvent sept dans les écrits des poètes , on
n'en voit véritablement que six (2).

Quæ septem dici, sex tamen esse solent.
OVID, Fast., liv. 4 ; v. 170.

(1) Eusthate, Iliad. Λ , v. 633.
(2) Origine des Cultes, tom. 3 , part. 2 , pag. 35.

Aussi les Brames ne mettent-ils dans ce natchtron que six Pléiades, comme on peut le voir dans notre tableau.

Hyde, dans son Commentaire sur Ulug-Beigh, nous dit que les Coptes les appellent les six *astres* (1).

Le Paon fut sans doute affecté à cette constellation, parce-qu'elle forme une espèce d'éventail semé d'étoiles comme la queue du Paon. Ce sont les yeux de l'Argus grec; aussi M. Jones reconnaît-il entre Argus et Cartigué une grande ressemblance.

L'Argus indien accompagne une déesse, qui a la plupart des caractères de l'*Isis* égyptienne ou de l'*Io* des Grecs, changée en vache, placée dans le Taureau céleste près des Pléiades, et adorée comme Isis à tête de Taureau en Égypte.

La conjecture de M. Jones est fondée, et le Cartigué des Indiens est réellement l'Argus des Grecs; l'Argus aux cent yeux, surveillant de la Lune du Taureau appelée Io dans la langue des Argiens, et Isis en Égypte. Voici l'explication de la fable de l'Argus grec, qui n'est qu'une copie de l'Argus des Indiens.

Pendant plusieurs siècles, lorsque l'équinoxe de printemps était dans le second natchtron ou dans Bharani, la Lune ou la néoménie équinoxiale paraissait pour la première fois dans le Taureau céleste, un peu au-dessus des Pléiades ou de Cartigué. Voilà le surveillant d'Io ou de la Lune; car Io était le nom de la Lune dans la langue des Argiens. Les images de la Lune prenaient donc les formes du signe céleste, où elle se montrait pour la première fois. Tant que les Pléiades n'étaient point couchées héliaquement, c'est-à-dire ' ut que le Soleil ne s'en était pas assez approché pour les absorber dans ses rayons, on voyait aux portes de la nuit ou au couchant les Pléiades aux six faces. Elles paraissaient veiller sur l'inégale courière des nuits, qui ce mois portait les attributs de la constellation où elle avait pris naissance, et du génie qui présidait au mois du Taureau. Mais lorsque le

---

(1) Hyd. Comm. ad Ulug-Beigh, page 31—33.
(2) Rech. Asiat., tom. 2, pag. .

Soleil s'était assez avancé pour éclipser de ses feux les surveillantes d'Io ou les Pléiades, et pour les absorber dans ses rayons
pendant 40 jours, comme le dit Hésiode (1), alors Io n'avait plus
de surveillant. On la voyait parcourir le ciel en liberté, et reprendre le mois d'après une nouvelle forme qui n'était plus celle
du Bœuf.

Cette disparition des Pléiades arrivait au lever héliaque de
Persée placé au-dessus d'elle ; de Persée qui a tous les attributs
du fils de la Pléiade *Maia*, ou de Mercure, fils d'une Atlantide ;
car il naissait de la conjonction du dieu du jour avec les filles
d'Atlas. Comme Mercure il a les talonnières, le pétase, et il
porte le *harpé*, ou l'instrument tranchant dont se servit Mercure
pour couper la tête d'Argus. Voilà l'origine de la fiction qui
suppose qu'un génie aîlé, armé du harpé, ayant des talonnières
et un pétase, tua les surveillantes ou le génie surveillant de la
Lune ou d'Io, dans la forme de Taureau qu'elle prenait au printemps.

C'est là ce phénomène astronomique qui, pendant plusieurs
siècles, tous les ans fut observé et fut chanté par les Prêtres du
Soleil et de la Lune. Voilà le sujet de cette fiction astronomique
dont on trouve la clé dans notre tableau, par les rapports qu'il
offre entre le Cartigué monté sur le Paon, ce gardien d'une
déesse qui a tous les caractères de l'Isis égyptienne, et l'Argus
des Grecs, gardien d'Io, qui devint l'Isis égyptienne, enfin
d'Argus, dont les yeux furent placés sur la queue du Paon par
Junon, tandis que les formes de vache qu'avait Io restèrent au
signe céleste qu'elle avait quitté, et près duquel brillent les
Pléiades.

Macrobe a soupçonné les rapports qu'a cette fiction avec la
marche du Soleil, qui éclipse les étoiles de ses feux ; mais c'est à
tort qu'il a étendu à toute la voûte azurée le nom d'Argus, qui
ne s'applique ici qu'aux Pléiades ou aux astres du printemps,

_____

(1) Oper. et Dies, v. 8o3.

placés sur la fin de la constellation du Bélier, et près du Taureau dans lequel toute l'antiquité a vu le signe ou la forme d'Io (1) ou de la Lune, qui y a son exaltation.

Persée porte une arme, par la même raison qui en fait donner une à Mithra en Perse (2) et à Cartigué dans l'Inde; c'est parcequ'il tient au domicile de Mars. On prétend que du commerce du dieu de la lumière avec Io ou avec la Lune, sous la forme d'Io, était né *Épaphus*, le même qu'Apis. Or nous avons prouvé dans notre grand ouvrage, qu'Apis, représenté par le Bœuf, qui portait sur l'épaule le croissant de la Lune, était un emblême relatif à la néoménie équinoxiale sous le Taureau céleste (3) : on peut consulter notre article (4). C'est ce croissant qui est entre les cornes du Taureau dans le Zodiaque de Dendra.

Cet Épaphus, fils d'Io, défie Phaéton ou le Cocher porte-chèvre qui suit Persée dans le ciel, comme la fable de Phaéton suit celle d'Argus dans Ovide. Nous avons fait remarquer ailleurs la liaison que devaient naturellement avoir entre elles ces deux fables (5).

Nous trouvons ici une nouvelle preuve de cette liaison qui prend son origine dans l'Astronomie.

En effet le même natchtron qui renferme le Paon que monte Cartigué chez les Indiens, et dont la queue est semée des yeux d'Argus chez les Grecs, renferme aussi la Chèvre que porte le Cocher ou Phaéton, comme on peut le voir dans notre tableau. Elle est le quadrupède affecté au même natchtron, auquel est affecté l'oiseau Paon. Ovide, sans doute, ne savait pas que ces fables fussent liées entre elles par les mêmes rapports qui les unissaient dans le système astrologique des Orientaux ; mais il suivait un ordre qu'y avaient mis les anciens Mythologues, dont les ouvrages servirent de base aux siens.

_____

(1) Saturnal, liv. 1, ch. 19, pag. 253 et 154.
(2) Origine des Cultes, tom. 3, part. 2, pag. 53.
(3) Porphy. de Antr. Nymph., p. 124.
(4) Origine des Cultes, tom. 2, part. 8, pag. 105, etc.
(5) *Ibid.*, tom. 3, part. 2, pag. 97, etc.

Si l'on fait mouvoir le globe jusqu'à ce que le point équinoxial d'automne, alors au Scorpion, vienne se placer au méridien ; on verra à la suite du Cocher passer successivement l'Ourse céleste, Arcas son fils, ou le Bootes au Nord, et vers le Midi le Corbeau, le centaure Chiron ; enfin sur le point équinoxial même le Serpentaire Esculape ; ce sont là précisément les tableaux qu'Ovide nous présente successivement et dans le même ordre, dans le second livre de ses Métamorphoses. Il nous ramène au Loup céleste, constellation d'automne, d'où il était parti en décrivant la dégradation de l'espèce humaine et des âges, qui nécessita la destruction de l'ancien ordre de choses, pour ramener un nouvel ordre au printemps suivant, lorsque le Soleil devint amoureux du Laurier, sous la forme duquel il métamorphosa Daphné. Cet événement suit le passage du Soleil au Verseau ou au signe d'hiver, dans lequel on plaçait Deucalion chez les Grecs, Tchuen-Hiu chez les Chinois, et Satyavrata chez les Indiens. Tout se tient dans cette série de fables, comme dans la succession des tableaux de la sphère.

Si nous passons au quatrième natchtron Roguemi ou Rohini, nous reconnaîtrons qu'il est aussi le sujet de fictions sacrées chez les Indiens.

Ce natchtron renferme les cinq étoiles Hyades, dont la plus brillante est Aldebaran ou l'œil du Taureau. Le Serpent est l'animal qui lui est affecté ; et on sait que chez les Grecs Hyas, frère des Hyades, mourut piqué par un serpent (1) : que Bacchus nourri par les Hyades avait aussi pour attribut le Serpent ; que Proserpine était née des amours de Jupiter, métamorphosé en taureau ; et qu'ensuite Jupiter, métamorphosé en serpent, l'avait rendue mère de Bacchus (2). Nous avons expliqué cette fiction à notre article de la Couronne Boréale.

Pareillement le Bacchus indien (3) était fils de Rohini ou des

---

(1) Natal. Comes., liv. 4, pag. 316.
(2) Origine des Cultes, tom. 3, part. 2, pag. 114, etc.
(3) Rech. Asiat., tom. ., pag. 195.

Hyades, nourrices de Bacchus. Dans la fable de l'Incarnation de Vichnou en *Chrisnou*, ce dieu ne consent à prendre cette nouvelle forme, qu'autant que son Serpent s'incarnera au sein de *Roguemi*, ou de ce quatrième natchtron. On voit aisément qu'il fait allusion au Serpent qui est affecté à ce natchtron, par les raisons que nous avons données plus haut (1).

On observait avec grand soin dans l'Inde les conjonctions de la Lune avec Rohini, ou son passage dans ce natchtron (2); comme on observait le retour de Saturne, à ce même Taureau, chez les anciens peuples de la Bretagne (3).

La néoménie qui arrivait à l'équinoxe de printemps, lorsqu'il était dans le second natchtron Barani ou Bhavani, tel qu'il est indiqué dans le Souria-Sidantha, devint la Vénus indienne, ou la Déesse de la création, Barani ou Bhavani. Cette maison a dans notre tableau pour emblême l'Yoni, le principe passif, ou l'organe féminin de la génération. On lui affecte l'Éléphant, comme on affectait la Chèvre et le Paon à Cartigué.

On consacrait aussi l'Yoni à la Déesse Bhavani, et l'on portait en pompe son image sur l'Éléphant.

On célébrait sa fête près des deux équinoxes, en mars et en septembre, sans doute parcequ'en mars elle était nouvelle dans ce natchtron, et qu'elle y était pleine en septembre.

C'est ici l'occasion de parler de l'usage qu'on peut également faire de notre tableau pour trouver la raison de la célébration des fêtes indiennes, de leur objet et des cérémonies qui y avaient lieu. Il sera nécessaire pour cela d'examiner non-seulement sous quel natchtron se célébrait la fête, mais encore sous quel signe du Zodiaque [*hh*].

Ainsi l'on verra, du premier coup-d'œil, l'origine de la fête

---

(1) Ci-dessus, pag. 7.
(2) Manuscrit, Biblioth., n° 28. Pouranand du Poisson.
(3) Plutar. T. 2, p. 941.

de la Purification par l'eau, qui a lieu an mois Massi, ou en février, le Soleil étant au Verseau, et la Lune étant pleine dans le neuvième natchtron, ou dans Alescha, ancien solstice d'été. Ce natchtron répond aux étoiles du Lion. C'est la fête de *Narsingha* ou du dieu aux formes de Lion. On y prie aussi pour les morts. C'était aussi le mois des expiations chez les Romains, qui ont beaucoup emprunté, ou plutôt Pythagore pour eux, du *Kal* des Indiens, ou de leur Connaissance du temps, quoiqu'ils aient plutôt pris pour règle les levers et les couchers d'étoiles. C'était aussi en *Mechir* chez les Égyptiens, que se faisaient les lustrations (1).

La Lune qui avait été pleine dans le neuvième natchtron, le lendemain se trouvait au dixième natchtron *Magon*. C'était sous ce natchtron qu'on célébrait la fête dont nous venons de parler ; c'était donc dans le natchtron opposé à *Alescha* que se trouvait le Soleil le jour de l'opposition. Ce natchtron est *Danitcha*, ancien solstice d'hiver. Sept jours après ou dans sa quadrature elle se trouvait près l'étoile Rhoini, dont on observait si soigneusement la conjonction avec la Lune. Sous *Rohini*, on voit dans notre tableau pour emblême un Chariot, vraisemblablement celui que conduit le cocher Phaéton placé au-dessus, et qui se lève avec Rhoini. Le septième jour après cette nouvelle Lune, ou dans sa quadrature le Calendrier indien marque la fête de Randan *Satami* ou septième. On y fait Pongol pour le Char du Soleil, et Randan signifiant Char (2).

Voilà donc des fêtes qui ont des rapports bien marqués avec les positions du Soleil et de la Lune dans les constellations du Zodiaque et dans celles des natchtrons qui y répondaient [*ii*].

Au mois Tai, qui correspond à janvier, époque à laquelle le Soleil remonte vers le Nord, le premier du mois il y a Pongol ; c'est la plus grande fête des Indiens, qui y célèbrent la renaissance du Soleil et son retour vers le Nord. Cette fête dure deux

---

(1) Kirk. Œdip., tom. 2, part. 2, pag. 256.
(2) Sonnerat, tom. 2, pag. 85.

jours ; le premier jour est le Peroun-Pongol ou grand Pongol. On fait bouillir du riz avec du lait, et dès qu'il bout, on crie *Pongol*. Le lieu de cette cérémonie est purifié avec de la bouze de vache. On présente ce riz aux dieux, et l'on en mange après.

Le second jour est le *Maddou-Pongol*, ou Pongol des vaches. On peint les cornes de ces animaux, on les couvre de fleurs, et on les fait courir dans les rues. Nous avons déjà rappelé le rapport qu'avait cette cérémonie à celle des Egyptiens, qui faisaient faire sept fois le tour du temple [*kk*] à la vache sacrée, à la même époque du solstice d'hiver, ainsi que les réjouissances auxquelles donnait lieu le retour du Soleil, qui s'acheminait de nouveau vers nos régions boréales. Dans l'Inde on jette des sorts pour connaître les événemens de l'année qui commence.

Le soir on fait des visites et des souhaits, comme chez nous ; ces fêtes durent huit jours.

Dans le mois Addi, [*ll*] ou juillet, au onzième natchtron, nommé *Pouron*, qui répond à la fin du Lion, domicile du Soleil, on célèbre la fête d'*Addi*, ou du Soleil, en honneur de *Parvadi*, la Cybèle des Indiens, que l'on promène dans un char. On sait que Cybèle présidait au Lion, dans la classification des douze grands dieux dans les signes. Nous croyons que cette déesse pourrait être la *Magna-Mater*, ou la Grande-Ourse, le Chariot placé sur le Lion, et qui passe avec lui au méridien. De là ce char et ces lions qui y sont attelés.

Et juncti currum Dominœ subiére leones.
VIRG. Enéid. 3, v. 113.

Au moins est-il certain que les Crétois, qui adoraient les Ourses célestes ou les déesses-mères, leur avaient bâti, en Sicile, un temple à Engyum (1), que Cicéron dit être le temple de Cybèle, ou de *Magnœ-Matris* (2) : il l'appelle aussi *Idea mater*. Il est également certain que Cybèle avait son temple à Cyzique, sur

---

(1) Diod., liv. 4, ch. 5a.
(2) *Cic. in Verrom de Sig.*, ch. 44 ; *et do Supplic.*, ch. 7a.

K

le mont *des Ourses* (1), ainsi appelé des nourrices de Jupiter, changées en ourses.

Il est aussi certain qu'on attribuait aux déesses-mères, adorées à Engyum, ou aux Ourses célestes, le pouvoir d'inspirer la fureur, comme on l'attribuait à Cybèle (2), dont les prêtres partageaient ce délire furieux.

Mégalê, ou *Magna* est aussi le nom de la Grande-Ourse, comme celui de Cybèle, en honneur de laquelle on célébrait à Rome les fêtes appelées *Megalesia*, vers le 4 avril, époque à laquelle l'Ourse dépassait le méridien inférieur, et remontait vers le zénith.

Dans le cirque où se donnaient les fêtes solaires, à Rome, on avait retracé les images de la grande et de la petite Ourse (3).

Tertullien dit qu'on y avait représenté *la mère des dieux* dans l'*Euripos*, ce qui rentre dans la même idée, si la mère des dieux et *la Grande-Ourse* ne sont que la même divinité *Magna-Mater*.

Porphyre appelle les Ourses célestes les mains de Rhea ou de Cybèle (4).

La déesse Cybèle errait sur les montagnes, comme on voit aussi les ourses du côté du Nord raser le sommet des montagnes sans se coucher. Callisto, changée en ourse, erre aussi sur les montagnes.

La déesse Parbati des Indiens est aussi appelée souveraine des montagnes, déesse née des montagnes (5).

Je pourrais multiplier les traits de ressemblance qu'il y a entre

---

(1) Strab., liv. 18, pag. 575.
(2) *Dionys. Perieget*, v. 809. Plut., tom. 1. *Vit. Marcell.*, pag. 309.
(3) Chron. Pasch., pag. 261.
(4) *Porphyr. de Antr. Nymph.*
(5) Système des Brachm., pag. 99. Rech. Asiat., tom. 1, pag. 187.

la *Parbati* des Indiens et la *Cybèle* des Phrygiens, et leurs rapports avec la constellation de l'Ourse céleste, et celle du Lion placé au-dessous, et auquel préside Cybèle, de manière à pouvoir conclure que si elle n'est pas l'Ourse, elle ne peut être que la Lune d'un mois qui se lie à l'Ourse, soit par son ascension au-dessus de l'horizon, lors de la néoménie équinoxiale du Taureau, soit par son passage au méridien dans la néoménie solsticiale, qui arrivait dans le Lion, dont cette Lune pût emprunter les attributs, ainsi que ceux du grand Chariot.

Nous n'avons insisté sur cette ressemblance, qu'afin de faire voir combien l'étude de la mythologie indienne peut jeter de jour sur celle des Grecs.

La Lune du mois *Cartigué* ou du huitième mois indien, est pleine dans le troisième natchtron *Cartigué,* qui lui donne son nom, ou près des Pléiades [*mm*]. Le jour ou la veille de cette pleine lune commence la fête de *Paor-Nomi*, ou du neuvième jour. C'est la grande fête du temple de Tirouna-Maley, dans lequel Chiven, dieu aux formes de taureau, descendit en colonne de feu. On allume un grand feu sur le sommet de la montagne où est le temple, et on y rend un culte au feu. Si l'on jette un coup-d'œil sur notre tableau, on lira pour attribut de ce natchtron: *Flamme*. Le Soleil est alors dans le Scorpion, où les Chinois marquent *grand feu*, comme on le voit aussi dans le tableau.

Les adorateurs de Vichnou (1) célèbrent cette pleine lune en allumant des feux dans le temple; les rues sont illuminées et l'on porte ce dieu en procession.

Les adorateurs de Chiven supposent que la colonne de feu dans laquelle descendit ce dieu, fut changée bientôt en colonne de terre. Il suffit, pour entendre cette fiction, de savoir que les anciens astrologues casaient les élémens dans les signes et affectoient le feu au Bélier, la terre au Taureau (2), et que la Lune,

(1) Roch. Asiat., tom. 1, pag. 83.
(2) Origine des Cultes, tom. 1, pag. 198.

dans le natchtron *Cartigué*, tenait au Bélier et au Taureau, ou aux signes de l'*élément du feu*, et de *celui de la terre*.

Dans le mois Sravana, où le Soleil arrive à la Vierge, le onzième jour, conséquemment lorsque la Lune a atteint le vingt-deuxième natchtron, ou *Sravana*, qui répond à la fin de décembre ou du Capricorne, on célèbre la *naissance de Chrisnou* (1). Son histoire est rapportée plus au long dans nos Cosmogonies comparées; on la trouvera dans le Bagawadam (1), et dans les Recherches Asiatiques (2).

Avant d'achever cet apperçu très-abrégé de notre travail sur les Cosmogonies comparées, et en particulier sur celle des Indiens, et après avoir succinctement indiqué la marche que l'on doit suivre dans ces recherches, nous répéterons encore ce que nous avons dit, qu'on doit souvent tenir compte des constellations du Zodiaque et même des paranatellons ou des constellations extra-zodiacales qui, par leur lever et leur coucher, se lient aux douze signes. En voici un exemple par lequel nous terminerons notre Mémoire explicatif du Tableau.

On trouve dans le Bagawadam (4) une fable sacerdotale sur un déluge, qui a tous les caractères d'une fiction astrologique, puisqu'elle s'explique sans peine par les aspects astronomiques [nn]. Vichnou ou le dieu conservateur y prend la forme de poisson, tel que nous l'avons fait dessiner sous le Capricorne, et tel qu'il est représenté dans le Zodiaque indien des Transactions, an 1772. C'est le Poisson austral, qui est dans nos sphères à l'extrémité de l'eau du Verseau, et qui se replie sous le Capricorne. Le dieu Soleil, ou Vichnou, uni à cette forme céleste vint, dit-on, se placer près d'un prince vertueux qu'il voulait sauver du déluge, afin de recommencer un nouvel ordre de choses. Ce prince évidemment est l'homme du Verseau, le fameux Deucalion des Grecs, qui

---

(1) Niebhur, tom. 2, pag. 21—23.
(2) Bagawad., liv. 10, pag. 271, etc.
(3) Rech. Asiat., trad., tom. 1, pag. 178, etc.
(4) Trad. des Rech. Asiat., t. 1, p. 170, etc. Bagawad., trad. d'Obsonville.

fut également sauvé du déluge à cause de sa vertu. C'est dans ce même signe que les Chinois placent aussi un prince, Chouen-Hiu, sous lequel arriva pareillement le déluge (1).

Dans la fiction indienne, ce prince est le septième Menou ou génie tutélaire qui préside à un des âges, comme l'homme du Verseau est le septième signe, à partir du solstice d'été, et comme Saturne, la planète qui y a aussi son domicile, est aussi la septième.

Vichnou, sous cette forme, dit à ce prince vertueux qu'il se placera près de lui, et que dès qu'il sera sur l'Océan, au milieu des eaux, il verra paraître un grand vaisseau et un serpent aquatique; que ce serpent servira de cable pour tirer le vaisseau en l'attachant à la grande corne du poisson, dont lui-même Vichnou aura pris la forme (2).

L'inondation commence; la mer franchit ses rivages; la pluie tombe par torrens. On sent bien que c'est ici une allusion au signe dans lequel va entrer le Soleil, ou au Verseau, premier Ritou dans lequel va se renouveler l'année.

Le dieu protecteur aussitôt se montre sur l'Océan, sous la forme *d'un poisson brillant comme l'or.* On ne pouvait mieux désigner un poisson, constellation qui renferme une étoile de première grandeur, *fomal-haut,* ou la brillante étoile de la bouche du poisson austral. Le dieu poisson se développe dans une immense étendue, avec une *corne énorme,* à laquelle le prince attache, avec un cable fait d'un grand serpent, un vaisseau qui tout-à-coup se montre à lui. Heureux d'être ainsi sauvé, le prince chante les louanges de Dieu, qui l'a préservé du déluge et qui veut que sous son règne un nouveau monde renaisse.

Toute cette fiction porte sur un aspect astronomique qui annonçait la fin de l'ancienne année ou du dernier âge, et le renouvellement périodique du temps, ou de l'année qui partait du solstice

---

(1) Souciet, tom. 3, pag. 33.
(2) *Ibid.*, pag. 173.

d'hiver, ou du vingt-troisième natchtron, Danitchta, qui comprend les étoiles de l'eau du Verseau, constellation qui occupait alors le solstice d'hiver et le berceau de l'année renaissante.

Au moment où le Soleil, placé vers l'extrémité de la constellation du Capricorne, et sur le Poisson à longue corne, descendait au sein des flots au couchant, le Verseau, aux portes de la nuit, voyait lever l'*Hydre de Lerne*, et le Vaisseau céleste, qui est au-dessous de cet animal aquatique; il semblait en se développant amener le vaisseau sur l'horizon, au bord duquel paraissait sa tête à l'Orient, tandis que la corne du Poisson était aussi à l'horizon à l'Occident. Il est nécessaire de prendre un globe céleste pour vérifier ces positions. Voilà quelle a été la base assez simple d'un roman astrologique qu'ont répété beaucoup de peuples, en le dépouillant d'une partie de ce qu'il a de merveilleux dans la fable indienne, et en le dénaturant plus ou moins.

C'est cette fable qui a passé chez les Scythes, et dont parle Lucien dans son Traité de la déesse de Syrie; c'est elle que les Grecs ont répétée et qu'Ovide a mise en vers latins chez les Romains. Enfin elle a été le type de beaucoup de semblables fictions que l'on trouve chez beaucoup d'autres peuples, avec des retranchemens qui ont déguisé son origine astronomique. Elle a été connue des Babyloniens et de Berose (1), qui dit que le déluge arrive quand les planètes, et conséquemment le Soleil, regardé par eux comme planète, se trouvent dans le Capricorne, c'est-à-dire dans le signe où finissait la dernière saison des Indiens et leur année, lorsque le Soleil était uni au Poisson représenté sous le Capricorne avec une grande corne. C'est le Poisson oxyrinque dont nous avons parlé dans notre grand Ouvrage (2); c'est celui qui se trouve dans la Sphère orientale rapportée par Kirker (3). Il y est uni au fleuve du Verseau, que cette sphère appelle le Nil.

---

(1) Sénec. *quæs-nat.*, liv. 3, ch. 29, pag. 739.
(2) Origine des Cultes, tom. 2, ch. 17, pag. 227.
(3) Œdip., tom., part. 2, pag. 201.

On donnait aussi le nom de Menou aux planètes. La septième, ou Saturne, présidait au Capricorne et au Verseau. C'est peut-être ce qui a donné lieu à Alexandre Polyhistor de dire, que Saturne avait prévu le déluge, et qu'il s'était servi d'un vaisseau pour se sauver de l'inondation, lui et les diverses espèces d'animaux.

On peut voir ce que nous disons dans notre grand Ouvrage, sur le déluge (1), et rectifier peut-être ce que nous avons pu dire en appliquant exclusivement aux Egyptiens et au débordement du Nil, ce qui a pu avoir un autre objet chez d'autres peuples, et se rapporter à l'époque de la fin du temps ou de l'année, et à son renouvellement dans l'ancienne constellation du solstice d'hiver, le *Verseau*.

Nous croyons qu'il suffit de ce petit nombre d'exemples pour apprendre à ceux qui veulent étudier les fables astronomiques, que les anciens nous ont laissées sous le nom de *fables sacrées*, l'usage qu'ils peuvent faire de la nouvelle clé que nous introduisons dans l'explication de la Mythologie, ou plutôt du complément que nous donnons à celle que nous y avons depuis long-temps introdute (*oo*).

Si la science ancienne est si peu connue aujourd'hui, c'est que, comme la nature, elle a ses mystères, et qu'on s'est toujours trompé sur son véritable caractère. On s'est persuadé que les anciens savans étaient jaloux, comme ceux de nos jours, d'être entendus, tandis qu'ils mettaient leur gloire à être devinés. Ils savaient que l'homme aime plus encore le merveilleux que le vrai ; ils ont profité de cette disposition de son esprit, pour piquer sa curiosité et éveiller son attention.

De là est né l'ingénieux apologue qui instruit sans tromper personne. Il n'en fut pas de même des autres fables. Plus d'une fois nous avons prouvé (2) que des êtres physiques et astronomiques personnifiés sont devenus des hommes et des héros, dont les

(1) Œdip., tom. 3, part. 1, pag. 180, etc.
(2) Origine des Cultes, tom. 1, liv. 3.

noms sont restés dans les annales des anciens peuples; que des périodes fictives sont entrées souvent dans leur chronologie : nous ferons voir aujourd'hui comment des images , de purs emblèmes ont été classés dans l'histoire naturelle, et ont été pris pour des animaux réels.

Tel le Phénix , cet oiseau si fameux par la longue durée de sa vie , par le genre de sa mort et par sa résurrection. Tacite (1), tout philosophe qu'il était, quand il donnait son opinion , fut quelquefois dupe de celle des autres ; il rejeta, il est vrai , le merveilleux de cette histoire ; mais il regarda l'existence du Phénix comme incontestable , et d'autres écrivains en ont même admis tout le merveilleux. [*pp*]. Comme eux, nous en tiendrons compte aussi , mais pour essayer d'en donner l'explication et pour rendre cet oiseau aux fables astronomiques auxquelles il appartient.

Nous avons eu plus d'une fois occasion de faire voir que les fables solaires s'étaient reproduites partout sous mille formes ; celle-ci a encore pour objet le Soleil et l'une des plus longues périodes de son mouvement, la période sothiaque ou le cycle caniculaire. L'année religieuse des Égyptiens n'admettant point l'intercalation d'un jour tous les quatre ans , que nous appelons l'intercalation bissextile, recommençait au bout de quatre années, un jour plus tôt que celle-ci (2). Ces anticipations d'un jour venant à se multiplier , produisaient une année entière d'anticipation au bout de 1,460 années bissextiles ; et les deux commencemens d'années alors coïncidaient ensemble , avec cette seule différence que l'on ne comptait que 1,460 années de celles qui avaient des bissextiles , et qu'on en comptait 1,461 de celles qui n'en admettaient pas , et que leurs anticipations successives faisaient appeler années vagues. C'est le retour de ces années à leur point primitif qu'on appela période sothiaque, parceque la canicule appelée Sothis, en ouvrait et en fermait la marche. [*qq*].

(1) Tacit. Annal. , liv. 6 , ch. 28.
(2) *Censorin, de Die nat.* , ch. 18 , pag. 107.

C'est là durée de cette période, ce sont ses retours éloignés qui ont donné lieu à l'histoire merveilleuse de l'oiseau symbolique qui la représentait dans les temples, comme le dit formellement Synesius (*in Dion.* p. 4), et comme il nous est aisé de nous en convaincre par le rapprochement que nous allons faire des traits qui les caractérisent l'une et l'autre.

Nous avons vu que la période roulait dans un cercle de 1,461 années vagues. C'était aussi dans un cercle de 1,461 années qu'était renfermée la durée périodique de la vie du Phénix, si nous en croyons Tacite (1). La mesure de l'une était celle de l'autre, parceque l'une était la chose et que l'autre en était l'image.

C'était au lever du Soleil que finissait et que recommençait la période ; c'était au lever du Soleil qu'on faisait mourir et renaître le Phénix (2).

C'était vers le solstice d'été, à l'époque du débordement du Nil, que la période se renouvelait au lever de la canicule, qui était regardée comme le signe de l'inondation, ainsi que du renouvellement de l'année (3). On prit également le Phénix pour symbole du débordement, comme il l'était de l'année caniculaire (4).

On supposait que dans ce long cercle d'années étaient comprises toutes les variations des phénomènes météorologiques, et même des événemens humains qu'on faisait dépendre des aspects célestes, que l'on croyait se reproduire, à chaque période, dans le même ordre. On attacha la même idée au retour du Phénix, suivant Pline (5).

Horus Apollon, grammairien égyptien, dit également du Phénix, qu'en renaissant, il amène à sa suite le renouvellement de toutes choses (6). Jusqu'ici nous voyons donc qu'on n'a rien dit du

---

(1) Tacit. Annal., liv. 6, ch. 28.
(2) Hor. Appoll., liv. 2, ch. 54.
(3) *Porphy. de Ant. Nymph.*, pag. 264.
(4) *Ibid.*, liv. 1, ch. 32.
(5) Plin., liv. 10, ch. 2.
(6) Hor. Apoll., liv. 2, ch. 54.

L

Phénix qui ne puisse s'appliquer aussi à la période ou à la grande
année sothiaque. Cette période était exclusivement consacrée au
Soleil ; la Lune n'y entrait pour rien. Aussi prenait-elle le nom
d'année héliaque, ou d'année solaire par excellence, de grande
année et d'année de dieu ou du Soleil, la grande divinité d'Héliopolis.

Le Phénix était pareillement consacré au Soleil (1), qui souvent même prit le nom de Phénix (2) ; c'était des lieux où paraissait se lever cet astre pour un Égyptien, qu'il était censé
partir pour venir à Héliopolis, ou dans la ville du Soleil, mourir
et renaître sur l'autel de ce dieu.

A tant de traits communs qui nous donnent le mot de cette
énigme sacrée, ajoutons encore un caractère, qui ne peut con-
venir qu'à un symbole, qu'à un emblême. Ce Phénix qui vivait
si longtemps, on ne l'avait jamais vu manger, dit-on, ce qui se
conçoit aisément d'une image.

Il est une dernière preuve, qui doit achever de nous convaincre,
et qui est une conséquence nécessaire de ce que nous venons de
dire. Si le Phénix n'est qu'une expression symbolique du cycle
caniculaire, si sa mort et sa résurrection sont relatives au Soleil,
et ne signifient que l'achèvement de l'ancienne période et le commencement d'une nouvelle ; il suit de là, que le renouvellement
de la période, et pour parler un style allégorique, que l'apparition du Phénix ont dû avoir lieu en même temps. C'est ce qui
est arrivé.

La période de régénération s'était renouvelée sous le grand
Sésostris, prince moins admirable encore par ses conquêtes, que
par les grands travaux qu'il fit exécuter en Égypte, et auxquels
il se vantait de n'avoir employé que les bras des vaincus sans
qu'il en ait rien coûté à ses Égyptiens. C'est aussi sous ce prince
que Tacite place l'époque de l'apparition du Phénix.

---

(1) Tacit. Annal., liv. 6, ch. 28.
(2) *Nonnus Dionys.*, lib. 40, v. 401.

Les meilleurs chronologistes fixent vers l'an 1322, avant notre ère, le règne de Sesostris; c'est aussi dans cette année 1322, que s'était renouvelée la période sothiaque, qui finit et se renouvela dans les premiers jours du règne du bon Antonin, l'an 138 de notre ère, et qui s'est encore renouvelée une fois l'an 1598, sous Henri-le-Grand, deux princes du sang gaulois. Ces trois règnes heureux que le hasard a placés à la tête de la période, qui devait ramener le bonheur, justifieraient presque l'antique opinion qu'on avait des effets de ce renouvellement, si l'on pouvait encore croire aux rêves de l'Astrologie, et chercher ailleurs que dans le cœur des princes la source de la félicité publique.

En vain les flatteurs d'Auguste voulurent faire croire que la grande année se renouvellerait sous son règne et ramènerait l'âge d'or; ceux de Tibère, que le Phénix avait reparu en Égypte : on ne les crut pas.

Il existe encore aujourd'hui un monument antique, par lequel il semble que les Égyptiens ont voulu consacrer la mémoire de cette époque importante de leur Chronologie et de leur Astronomie. C'est l'obélisque d'Héliopolis qui a été transporté à Rome sous Constant. L'inscription hiéroglyphique, dont le grammairien Appion n'a traduit que quelques lignes, parle aussi du Phénix. Quoique l'inscription porte le nom de Ramestès, on ne peut douter que le prince ne soit le Ramessès dont parle Tacite, et à qui il fait honneur de toutes les conquêtes que l'antiquité attribua à Sesostris. Ce Ramessès avait subjugué par la force de ses armes la Lybie, l'Éthiopie, la Médie, la Perse, la Bactriane, la Scythie, la Syrie, la Cappadoce, la Bithynie, la Lycie, et avait jeté les fondemens d'un Empire aussi puissant qu'était, du temps Tacite, celui des Romains et des Parthes. Hérodote et Diodore en disent autant de Sesostris. Ils parlent même de sa puissance maritime, de ses nombreuses flottes, de ses conquêtes au-delà du Gange, et des colonnes qu'il éleva partout comme autant de monumens de sa puissance et de ses victoires.

L'inscription de l'obélisque peint sous d'aussi grands traits le héros dont elle unit le règne au nom du Phénix; c'est le favori du dieu des combats; c'est le bien-aimé du Soleil, le bienfaiteur de sa patrie et le maître du reste du Monde. Qui ne reconnaîtrait à ces traits le fameux Sesostris, sous qui Tacite place une apparition du Phénix, et sous qui effectivement se renouvela le grand cycle qui ramenait l'âge d'or ?

Il est encore une observation qui n'est pas entièrement à négliger ; c'est que parmi les figures tracées sur l'obélisque, on remarque vers le haut celle d'un oiseau tout-à-fait semblable à celui dont Hérodote vit l'image, et que l'on lui dit être celle du Phénix [rr]. Il avait selon lui, la forme et la taille de l'Aigle ; c'est aussi celle que lui donnent tous les peuples chez qui nous retrouvons la fiction du Phénix : une touffe de plumes de forme conique parait sa tête. Telle est aussi la figure de l'oiseau représenté vers le haut de l'obélisque. On voit sur sa tête une espèce de mithre conique, qui a pu être prise pour une huppe. Au reste, c'est une preuve surabondante que nous ne proposons que comme une conjecture. Nous n'avons pas la présomption de croire que nous entendions cette écriture antique, universelle, indépendante de la diversité des langues et de leurs altérations, et par-là si propre à conserver, propager et rendre universelle la science, et dont malheureusement la clé est perdue sans espoir de la retrouver. Ainsi a été rompu le fil des connaissances humaines, dont à peine on apperçoit quelques traces éparses sous les ruines des temples de l'Égypte, qu'il n'est pas donné à tout le monde d'interroger.

La fiction du Phénix, née sur les rives du Nil, a passé, d'un côté, jusqu'à la Chine, et de l'autre, jusqu'au milieu des glaces de l'Islande et de la Scandinavie et au Mexique.

Le Phénix égyptien est devenu le *Fong-hoang* des Chinois, et il en a conservé les formes ; car on lui donne aussi la figure de l'Aigle, une crête sur la tête, et ses plumes offrent les couleurs les plus belles et les plus variées comme celles du Phénix. Son apparition était aussi regardée comme le signal du bonheur et du règne des bons princes (1). Cet oiseau merveilleux, au rapport des historiens chinois, ne se montre que très-rarement, et

(1) Du Halde, *tom.* 1, pag. 279. Tom. 2, pag. 13.

seulement quand les bons princes occupent le trône. Il parut sous leur quatrième Empereur qui, dit-on, gagna l'estime et l'amour de ses peuples par la douceur et par la bonté de son caractère. Aussi l'or fut-il le métal qui représentait ce prince, et le *Fong-hoang* ou l'Aigle-Phénix fut son emblême, et l'on en broda l'image sur les habits des grands de l'Empire. Cet oiseau était appelé l'*oiseau de prospérité*, et le sceau de l'Empire était fait d'une pierre précieuse et rouge, sur laquelle on disait qu'il s'était reposé.

Ces idées de bonheur, les anciens Romains l'attachaient au renouvellement de la période, comme on le voit dans Virgile qui n'a fait que consigner dans sa quatrième églogue l'opinion consacrée dans les livres des Sibylles : *Redeunt Saturnia regna.* On voit donc ici le même préjugé établi dans le Latium et à la Chine. Là, c'est le renouvellement de la grande année, ici, c'est l'apparition de l'oiseau *Fong-hoang* qui ramène l'âge du bonheur; ce qui s'explique, quand on sait que le Phénix n'est que l'emblême de la grande année qui reproduit les mêmes aspects réputés causes des mêmes effets.

On retrouve encore la fiction du Phénix chez les anciens Suédois (1); mais ils ne l'ont appliquée qu'à l'année commune et au mouvement de déclinaison périodique du Soleil d'un pôle vers l'autre. Ils disaient de leur Phénix, que tous les ans il s'éloignait d'eux vers les régions méridionales et jusqu'en Éthiopie ; qu'il était suivi dans sa retraite par tous les oiseaux de passage; qu'arrivé là, il se brûlait, après avoir pondu l'œuf qui devait le reproduire ; que de cet œuf sortait un petit ver rouge qui reprenait des ailes, et qui, devenu Phénix, dirigeait de nouveau son vol vers le Nord, en ramenant les oiseaux qui s'en étaient éloignés avec lui. Le sens de cette énigme est trop clair, pour qu'il soit nécessaire d'en comparer les traits avec le Soleil, dont le départ les avait affligés et dont la renaissance et le retour étaient célébrés par des chants de joie chez tous les peuples.

Pline et Suidas nous ont conservé la tradition de la métamorphose du Phénix en petit ver.

_____

(1) *Olaüs Rudb.*, tom. 2, pag. 245.

Saint Épiphane parle même des aîles que reprend ce ver pour redevenir Phénix, et pour retourner vers les lieux d'où il était parti.

Cette fiction est reproduite dans l'histoire du Soleil, adoré sous le nom d'Adon ou d'Odin par les anciens Scandinaves. On l'appelle l'Aigle et le père des vermisseaux, et le père des années ; cette dernière épithète est celle que l'inscription égyptienne, qui parle du Phénix, donne aussi au Soleil. On suppose qu'Odin changé en ver, descendit dans une caverne ; que là il prit sa forme céleste, et que de suite, métamorphosé en Aigle ; il revola vers le séjour des Dieux. Hercule ou le Soleil personnifié, se brûle aussi sur un bûcher en Thessalie, avant de remonter au séjour des Dieux, où il épouse Hébé, déesse de la Jeunesse ; c'est bien encore le Phénix qui se rajeunit [*ss*].

Le résultat de tout ce que nous venons de dire n'est pas seulement d'avoir l'explication d'une énigme, mais plutôt encore une nouvelle preuve du caractère énigmatique de la science ancienne.

Nous voyons de plus que celle des Égyptiens s'est propagée dans toutes les parties du Monde ; mais à quelle époque ? comment en suivre la trace ? Combien a-t-il fallu de siècles pour que ces communications des diverses parties du globe entre elles, se soient établies ? C'est ce que nous n'examinerons pas ici. Il nous suffit de faire remarquer qu'elle a conservé partout le caractère merveilleux de l'énigme ; que ce n'est donc pas sans quelque raison que les dépôts de cette science, renfermés dans les temples de l'Égypte, y furent mis sous la garde du Sphinx, cet emblême ingénieux de la sagesse et de la force unies entre elles dans le gouvernement du Monde ; que l'Astronomie y joue un grand rôle, et que sans cette clé, la porte des anciens sanctuaires et des archives du temps restera toujours fermée.

Nous finissons en avertissant le lecteur, s'il veut tirer quelque parti de ce tableau, de lire plusieurs fois notre Mémoire explicatif, et de le comparer dans tous ses détails avec le Tableau lui-même, et avec un globe céleste, à pôle mobile, s'il est possible [*tt*].

FIN.

NOTES.

[a] Nous avons fait voir dans ce Mémoire que ce sont les Egyptiens qui ont les premiers inventé la division de la route annuelle du Soleil en douze parties égales, et en douze temps égaux, les unes appelées *signes*, et les autres *mois*; que ce sont eux qui y ont figuré les douze images qui comprennent les principales étoiles de chacune de ces divisions; que ces images n'ont de sens significatif que chez eux et dans un temps très-reculé, tel qu'il est indiqué dans notre Tableau, sous le nom de *position primitive*, qui n'a duré que 2160 ans, c'est-à-dire tout le temps qu'il a fallu au colure solsticial désigné par *SE*, pour parcourir en sens rétrograde la division qui comprend les étoiles du Sagittaire, et à la branche *EP*, celle qui comprend les étoiles de la Vierge. Depuis ce temps-là la branche *EP* a reculé jusqu'à la ligne marquée *EP* actuel, ou position actuelle de l'équinoxe de printemps, à la bouche du Poisson, et la branche *SE* a reculé jusqu'à la ligne *SE* actuel au pied des Gémeaux; c'est-à-dire que la branche *EP* a parcouru en sens contraire à l'ordre des signes, les constellations de la Vierge, du Lion, du Cancer, des Gémeaux, du Taureau, du Bélier et des Poissons, et les branches *SE* celles du Sagittaire, du Scorpion, de la Balance, de la Vierge, du Lion, du Cancer et des Gémeaux, à raison de 2160 ans pour chaque signe, ce qui nous donne jusqu'à ce jour pour les sept signes parcourus, 15,126 ans. Voilà ce que nous avons établi dans notre Mémoire sur l'origine du Zodiaque et des Constellations, imprimé en 1781, dans le quatrième volume de l'Astronomie de M. de Lalande, et réimprimé depuis dans notre grand ouvrage sur l'origine des Cultes (1). Nous y renvoyons le lecteur.

Quelque opinion que l'on ait de notre hypothèse, que de nouvelles découvertes ont confirmée depuis 25 ans que nous avons publié ce Mémoire, il est au moins certain, d'après le témoignage d'Hérodote (2), que ce sont les Egyptiens qui imaginèrent la division de l'année en douze mois, et les douze grands dieux qui président à chacun des mois, et qui ont été distribués par les Astrologues dans les douze signes (3), et qu'ils le firent d'après la connaissance qu'ils avaient des astres. La liaison qu'ont entre eux les mois, les signes et les douze grandes divinités tutélaires des mois et des signes, annonce assez que cette division duo-

---

(1) Origine des Cultes, tom. 3, édit. in-4°, pag. 324, etc.
(2) Hérod., liv. 2, ch. 4.
(3) Manil., liv. 2, v. 432.

décimale est le fruit du même génie, quand bien même nous n'aurions pas d'autres preuves ; mais nous en avons d'autres, et on doit regarder comme l'ouvrage d'un peuple ce qui lui convient et ne convient qu'à lui; ce qui a un sens chez lui à une époque donnée, et qui n'en a point chez d'autre peuple à quelque époque que ce soit. Tels sont les emblèmes ou images symboliques tracées dans les douze divisions du Zodiaque.

[*b*]. On trouve dans tout l'Orient cette double division du Ciel en douze signes pour le Soleil, et vingt-sept ou vingt-huit maisons pour la Lune. Elle est chez les Chinois (1), chez les Siamois (2), chez les Indiens (3), chez les Perses (4), chez les Arabes (5), chez les Coptes (6), etc.; il y a beaucoup d'apparence qu'elle fut aussi connue des Egyptiens, ou plutôt qu'elle fut leur ouvrage. La distribution de leur labyrinthe en douze grands palais et en vingt-sept chambres (7), semble avoir eu pour objet de retracer les douze palais du Soleil, à qui le labyrinthe était consacré (8), et les vingt-sept maisons de la Lune, avec les figures symboliques qui les caractérisaient, et qui leur étaient affectées, comme on le voit dans les vingt-sept natchtrons des Indiens.

En effet ils divisaient le Zodiaque en trente-six parties, qu'ils mettaient sous l'inspection d'un génie appelé *Decan*; et sous ce Decan étaient trois autres génies inspecteurs; ce qui faisait en tout cent huit subdivisions, de chacune 3° 20'. Donc il y avait dans chaque signe neuf génies inspecteurs ou assesseurs, trois pour chaque Decan. Or neuf fois 3° 20' donne les 30° du signe. Chaque natchtron Indien est de 13° 20'; donc deux natchtrons donnent 26° 4'. Ajoutez 3° 20', ou la portion que surveille un génie inspecteur, vous aurez les 30° du signe. Chaque natchtron indien contenait quatre portions, ou soudivisions des Decans; car quatre fois 3°—20' égale 13°—20', étendue de chaque natchtron. Autrement, si l'on divise par quatre les cent huit Constellations, provenues de la soudivision des dix degrés de chaque Decan, on aura 27, nombre égal à celui des natchtrons indiens. On peut même soupçonner que c'est de là qu'est venue la division en vingt-sept natchtrons, en prenant, quatre par quatre, les assesseurs ou inspecteurs de 3°—20' du Zodiaque; aussi M. Bailly observe avec raison que l'un a été copié de l'autre (9).

Les Grecs et les Romains ne connaissaient pas ce Zodiaque lunaire, quoi-

(1) Les P. Martini, Souciet, Gaubil.
(2) La Loubère, D. Cassini, Acad. des Scienc., tom. 8, pag. 234. Sonnerat, tom. 2, pag. 200; etc.
(3) Le Gentil, Voyage de l'Inde, tom. 1, pag. 258. Rech. Asiat., trad., tom. 2, pag. 336, etc.
(4) Anquetil, Zend., Avest. tom. 2, part. 2, pag. 349.
(5) Ulug-Beigh. Alfragan. Hyde, comment. sur Ulug-Beigh.
(6) Kirker, Œdip., tom. 2, pag. 242 et 374, etc.
(7) Strab., liv. 17, pag. 811.
(8) Pline, liv. 36, ch. 13.
(9) Astr. anc., pag. 493.

qu'ils eussent des années lunaires. Néanmoins on en trouve des traces dans le culte que ces derniers rendaient à la Lune, sous le nom de *Junon-reine*, culte qu'ils avaient emprunté des Etrusques. La procession sortie du temple du Soleil ou d'Apollon, allait sacrifier à celui de la Lune. On y conduisait deux vaches blanches, animal consacré à la Lune, qui a son exaltation au Taureau, et qui en emprunte les cornes dans la fable d'Io et d'Isis. Un chœur de vingt-sept jeunes filles, nombre égal à celui des stations de la Lune, entonnait des hymnes en honneur de Junon-reine, dont on portait deux statues en bois de cyprès. On peut voir dans Tite-Live (1) les détails de cette cérémonie. Junon-reine était la divinité tutélaire de la citadelle de Véies, et sa statue fut portée à Rome, après la prise de cette ville, qui faisait partie de la confédération Etrusque (2). P. Licinius Tegula composa aussi un hymne qui fut chanté, par vingt-sept filles (3), en honneur de Junon-reine.

La ville de Bysance qui était sous la protection de la Lune, était flanquée de vingt-sept tours (4). On chercha partout à reproduire ce nombre 27, consacré à la révolution lunaire, dans la division primitive de la route périodique de cet astre. Les Chinois ont la fiction de la lyre à vingt-sept cordes, et la guitare à trente-six cordes, allusion aux vingt-sept natchtrons et aux trente-six décans (5). Ces instrumens produisaient les accords célestes.

Chaque natchtron ou chaque station de la Lune fut mis sous l'invocation d'un génie, que l'on peignit avec divers attributs, que l'on personnifia et que l'on mit en action dans les fictions sacrées. Tel Cartigué ou le génie tutélaire du troisième natchtron qui renferme les Pléiades; telle la belle Rohini, ou Roguenei, qui répond aux Hyades. Les Syriens ont appelé ces génies *des anges*, et ils en ont donné un à chaque station lunaire. Kirker nous a conservé les noms de ces anges tutélaires des maisons lunaires (6). La première maison qui répond à la corne d'Aries, est sous la surveillance de l'ange Kiaiel, nom fort approchant de Kio, la corne, dénomination du premier *Sou* des Chinois, en aspect avec la corne du Bélier.

Le quatrième ange, celui qui préside au quatrième natchtron, qui renferme les *Hyades*, s'appelle *Hyaiel* (7). On voit aisément l'origine du nom de cet ange ou de ce génie fictif. C'est ainsi que chez les Indiens le dieu ou génie Cartiguey, qui préside au troisième natchtron, prend son nom de Cartigué, qui est celui des Pléiades,

(1) Tit-Liv., liv. 27, ch. 37.
(2) *Ibid.*, liv. 5, ch. 21 22, 31.
(3) *Ibid.*, liv. 31, ch. 12.
(4) Codin, pag. 12.
(5) Chou-King, ch. 11, pag. 106, etc.
(6) Kirker Œdip., tom. 2, pag. 374 et 400.
(7) *Ibid.*, pag. 242.

L'ange qui préside à la seizième maison lunaire, qui renferme les étoiles du front du Scorpion, nommée *Iclil* (1), se nomme *Aclaiel*.

On divisa sous sit l'horizon en huit portions ou huit points, dans lesquels les uns plaçaient huit éléphans pour soutenir le ciel; les autres huit anges surveillans, dont les noms sont évidemment des noms d'étoiles, ou d'intelligences préposées aux étoiles, telles Zouel (2), Kanib, Aalit, Aanim, Sermouch, Keléb, Zouzeuab, Keid, Lehiohi (3); on y reconnaît, malgré l'altération des mots, les noms de Zohil, donné à Canopus et à d'autres grands astres (4), de Caleb donné au grand chien, de Keid, donné à la Baleine (5), etc.

On fait le dieu 'Soma, ou la Lune, père de douze génies, allusion aux douze mois de l'année lunaire (6). Ces génies portent le nom de leurs mères, c'est-à-dire des douze natchtrons, dans lesquels arrive la pleine Lune de chaque mois, comme nous le verrons ci-après. C'est ainsi que les Grecs faisaient naître de Borée douze poulains, qui volaient sur les flots sans enfoncer, et sur les épis, sans leur faire courber la tête. Le vent, par sa vitesse, fut souvent comparé au cheval; c'est même sa vitesse qui, suivant Hérodote (7), fit que les Massagètes l'offraient comme victime au Soleil. Horace, pour peindre la vitesse du vent qui vole sur les flots, se sert du mot *Equitavit* (8).

Eurus per Siculas Equitavit undas.

Il est vrai qu'ici la métamorphose de Borée fait allusion au cheval Pégase, au lever duquel les calendriers marquent le retour des vents septentrionaux (9).

Nous ne pouvons trop multiplier les exemples qui nous prouvent le génie allégorique de toute l'antiquité.

Le vaisseau fut aussi comparé au cheval; quelques peuples encore l'appellent le *cheval de la mer*; c'est même ce qui a fait dire que Neptune avait fait naître le cheval. On appelle encore le vaisseau céleste ou sa belle étoile, Canopus, le *cheval*. L'image du cheval était sculptée sur la proue des vaisseaux de Cadix.

C'est au lever du vaisseau céleste, la veille des Ides de Mars, que Columelle marque le lever du vaisseau (10); c'est aussi ce jour-là qu'on faisait des courses de chevaux sur les bords du Tibre (11); c'était alors que la Lune se renouvelait dans le premier natchtron, qui a pour symbole le cheval. C'est au 3 des Nones de ce même mois, qu'Ovide place le lever de Pégase, ou du cheval du Verseau.

---

(1) Ulug-Beigh, pag. 86 et 92.
(2) Chardin, tom. 3, pag. 184 et 202.
(3) Origine des Cultes, tom. 3, part. 2, pag. 177.
(4) *Ibid.*, pag. 168.
(5) *Ibid.*, pag. 163.
(6) Trad. des Rech. Asiat., tom. 2, pag. 337.
(7) Hérod, liv. 1, chap. 211 et 216.
(8) Origine des Cultes, tom. 3, part. 2, pag. 151.
(9) Columelle, liv. 12, ch. 2.
(10) Ovid, Fast., liv. 3, v. 520.
(11) *Ibid.*, liv. 3, v. 450.

C'est ce cheval céleste qui, se levant le matin devant l'aurore du Printemps, s'appelle Pégase, ou le *cheval de l'Aurore* (1); on n'en peint que la tête (2), *Céphale* : de là vint la fiction des amours de Céphale et de l'Aurore, d'où naquit Phaéton, ou le Cocher, qui monte peu après avec le Soleil du printemps (3), et auquel cette conjonction semble donner naissance; à moins que *Céphale* ne soit la tête de Méduse qui porte aussi ce nom.

Les Chinois ont une plante que j'appellerais allégorique, nommée Ming-Kio, ou plante du Calendrier (4) qui croît, dit-on, dans le jardin d'Yao, le réformateur de leur Calendrier, et le restaurateur de leur Astronomie. Elle poussait une feuille chaque jour de la Lune, depuis le 1 jusqu'au 15, et elle en perdait chaque jour une depuis le 15 jusqu'au 30 : on sent assez ce que signifie cette allégorie, sans qu'il soit besoin de l'expliquer. Elle fait la base de la fable égyptienne sur Osiris, dont le corps est coupé en quatorze morceaux épars, qu'Isis rassemble ensuite; elle leur donne la sépulture; puis Osiris revient de nouveau à la lumière. Voilà, je le répète, le génie de toute l'antiquité. Prendre cela pour de l'histoire, c'est étrangement s'abuser, même en écartant le merveilleux.

On remarque ici que les noms de *Leu* et de *Nieu*, donnés au quinzième et au dixième *Sou* chinois, sont encore ceux du cheval et de la flèche dans la langue des descendans des Huns; et qu'ils répondent, l'un au premier natchtron indien, qui a pour symbole le cheval, et l'autre au vingt-deuxième, qui a pour symbole la flèche, qui, chez les Ostiaks, se nomme aussi *Nioul*; chez les Vougouls, *Noull*, et chez les Morduans, *Nall*, ce qui n'est qu'une altération du mot *Nieu* chez les Chinois, et chez les Hongrois. La constellation de la flèche se lève avec ce natchtron, ou avec les étoiles du Capricorne, ainsi que la constellation de l'aigle, appelée *Pied de Vichnou* par les Indiens. L'aigle est placé près de la flèche (5) : voilà pourquoi l'une et l'autre constellation se trouve casée sous le vingt-deuxième natchtron qui répond aux étoiles du Capricorne.

[c] Cette différence entre le nombre des maisons lunaires qui, chez certains peuples, n'est que de 27, et chez d'autres de 28, vient de ce que la Lune met plus de 27 jours, et moins de 28 à revenir à la même étoile. Ce retour, qu'on nomme *révolution périodique*, pour le distinguer du retour à la même phase qu'on nomme *révolution synodique*, est de 27j.17h.43'. Les uns ont pris en nombre rond 27, qui est moins que la durée exacte de la révolution, et les autres 28, qui est plus. On a même donné la préférence à ce dernier, parcequ'il se partage facilement en quatre parties égales et sans reste;

(1) Eusthat., Odyss. B., v. 1.
(2) Arat. v. 600. Origine des Cultes, tom. 3, part. 2, pag. 140.
(3) Pausan. Att., pag. 3.
(4) Mémoires sur la Chine, tom. 13, pag. 264.
(5) Eratost., Uranol., Pétav., tom. 3, ch. 2, pag. 258.

c'est ce qu'on appelle la *semaine*, petite période qui roule dans le mois de 28 jours, dont elle est le quart; comme on appela *saison*, le quart de la révolution annuelle du Soleil.

Cette période hebdomadaire (1), dont nous faisons voir ici l'origine, se trouve chez la plupart des anciennes nations de l'orient. C'est l'Haftah ou Eptas, hebdomas.

Les Indiens eux-mêmes ont fini par ajouter un vingt-huitième natchtron qu'ils appellent *Abhidit*, et qu'ils placent entre la vingt-une et la vingt-deuxième constellation, ou le vingt-un et vingt-deuxième natchtron. Ils y renferment les trois belles étoiles de l'Aigle, qu'ils nomment *Pied de Vichnou* (2). De là vient que dans les Oupnek'hats, qui ne sont pas tous d'une antiquité aussi grande que les Shastras et que le Sourya-Sidantha, on porte à vingt-huit le nombre des constellations lunaires (3).

Au reste, la différence qui résulte de cette diversité de diviseur est peu sensible dans le commencement de la division, et n'empêche pas en général que les étoiles principales qui appartiennent à chaque partie de la division, soit par 27, soit par 28, ne soient à-peu-près les mêmes, comme on en peut juger par l'inspection du Tableau.

La division indienne par 27 donne 13° 20' pour chaque natchtron, et celle des autres peuples qui se fait par 28, donne 12°, 51' 26" pour l'étendue de chaque maison; soit Korteh, soit Sou, etc.

J'ai dit tout-à-l'heure, que si on trouvait vingt-huit natchtrons dans un Oupnek'hat, tandis qu'on n'en trouve que vingt-sept dans le Sourya-Sidantha des Indiens et chez les Siamois, c'est que les Oupnek'hats, au moins plusieurs, sont modernes, relativement à l'ancien livre de l'Astronomie indienne et à plusieurs Shastras. Pour prouver que cette Collection des livres sacrés des Indiens, connue sous le nom d'*Oupnek'ats*, dont M. Anquetil du Perron nous a donné la traduction de persan en latin, ne se compose pas d'ouvrages de la même antiquité. En effet, il en est qui ne remontent guères à plus de 400 ans avant notre ère, comme il est aisé de s'en assurer d'après la fixation du lieu des solstices, ou des termes de la marche ascendante et descendante du Soleil durant sa révolution annuelle. Le point de départ du mouvement du Midi au Nord, ou du Soleil lorsqu'il commence à remonter vers nos climats, est fixé au premier degré de la constellation du Capricorne, et son terme au dernier degré des Gémeaux (4). Le commencement de son mouvement descendant, ou son départ du tropique d'été vers le tropique d'hiver, est fixé au premier degré de la constellation du Cancer, et son terme aux derniers degrés de celle du Sagittaire. C'est ce qui avait lieu 388 ans avant notre ère, lorsque l'étoile γ du Bélier était dans le colure des Equinoxes; c'est-à-dire lorsque les colures avaient précisément

---

(1) D'Herbelot, Biblioth. orient., tom. 3, pag. 55.
(2) Trad. des Rech. Asiat., tom. 2, pag. 330.
(3) Oupnek'hat, tom. 1, pag. 259.
(4) Ibid., pag. 394.

la position qu'a notre aiguille fixe, en supposant que la pointe *EP* soit celle qui touche la corne du Bélier.

C'est là ce qui fait la base de leurs dogmes sur le sort des ames (1), et sur leur retour soit à la Lune, soit au Soleil, d'où elles passent dans le Paradis de Brahma, ou d'où elles reviennent sur la terre animer de nouveaux corps (2). C'est ce qui a donné lieu aux Grecs (3) qui adoptèrent les idées mystiques de l'Orient, d'appeler le signe du Capricorne, ou le point de départ du voyage du Soleil du Midi au Nord, rendu sensible par l'accroissement des jours, *Porte des Dieux et du Soleil*; et, au contraire, d'appeler *Porte des hommes* ou du retour vers la terre, le Cancer, d'où le Soleil descendait vers le pôle abaissé, en signalant sa marche par la décroissance progressive des jours, le sort de l'ame était dépendant de l'accroissement ou du décroissement des jours.

[*d*] Plusieurs commentateurs Rabbins et Chrétiens, entre autres le savant professeur Vatable, ont reconnu dans Chima ou Alkimo, les Pléiades, astres du Printemps; et dans Kesil ou Alkelil, les étoiles du Scorpion, qui fixèrent effectivement autrefois les équinoxes du Printemps et d'Automne, le développement périodique de la végétation et l'engourdissement de la nature. Au Printemps, *solvitur acris hyems* (4), etc.; alors on se couronne de fleurs, *terræ quos ferunt solutæ*, etc. A l'approche de l'hiver, au contraire, le froid resserre tout; et Horace, invitant son ami à égayer la triste saison, lui dit : *Dissolve frigus* (5), il appelle l'hiver *Bruma iners* (6), alors *prata rigent* (7). Job semble exprimer la même idée sur les deux constellations du Printemps et de l'Automne (8).

Je ne prétends pas pour cela que cet ouvrage soit d'une aussi haute antiquité; en effet nous savons que des positions célestes très-anciennes se trouvent dans des livres très-modernes. Ainsi Eudoxe donna des positions des colures, antérieures de plus de 1200 ans à celles que ces cercles avaient de son temps; mais il suffit qu'on en fasse mention, pour être fondé à croire que ces positions ont été observées autrefois. Il en est de même des anciens Calendriers grecs publiés sous le nom d'Hésiode; au lieu que les levers et les couchers dont Hésiode parle dans son ouvrage d'Agriculture, appartiennent au siècle où il vivait, comme nous le faisons voir dans nos Cosmogonies comparées.

[*e*] Ce natchtron, nommé *Asouini*, prend son nom d'Asoua, cheval, ou de l'animal qui lui est affecté. On pourrait aussi y voir la belle étoile Canopus,

(1) Oupnek., tom. 2, ch. 106, pag. 68, et Annot., pag. 703.
(2) *Porphyr. de Antr. Nymph.*, pag. 122, et *Macrob. Somn. Scip.* liv. 1, ch. 12.
(3) Lex. Hébraïc., et Vatabl., Biblioth., tom. 1, pag. 764.
(4) Horace, liv. 1, od. 4.
(5) *Ibid.*, od. 8.
(6) *Ibid.*, liv. 4, od. 6.
(7) *Ibid.*, od. 11.
(8) Job, ch. 38, v. 31.

qui se lève au passage du premier natchtron au méridien. On l'appela dans l'Orient, le *Cheval* (1). C'est l'étoile *Agesta*, en honneur de laquelle les Indiens célèbrent une fête lorsque la Lune est pleine au premier natchtron. Ce cheval du premier natchtron nous fournit un moyen d'expliquer la fable des amours de Saturne ou du Temps avec la nymphe Phylira, changée en tilleul, un des premiers arbres qui se couvrent de feuilles au Printemps, lorsque le dieu du Temps s'unit à ce natchtron, ou prend la forme du cheval; car alors monte à l'Orient le centaure Chiron, né des amours du dieu du Temps avec une nymph.., fille de l'Océan, au sein duquel descend le Soleil lorsqu'il est uni au premier natchtron. C'est au Printemps que les Tchérémisses et beaucoup d'autres peuples tartares font le sacrifice du *cheval* (2), que faisoient les anciens Massagètes (3); ce qui sans doute faisoit allusion à l'animal affecté soit au natchtron équinoxial, soit au vaisseau céleste, appelé *Cheval*.

[*f*] Il est nécessaire que le lecteur qui veut nous suivre ay.. fruit, ait un globe céleste pour vérifier les aspects; et comme il s'agit de temps éloignés, il est à désirer que ce soit un globe à pôle mobile, qui représente l'état du ciel dans toute la durée de la grande période, et qui rétablisse les apparences célestes qui ont eu lieu il y a quatre ou cinq mille ans, et qui ne sont plus celles que donnent les globes ordinaires, où les colures passent par les pieds des Gémeaux, l'arc du Sagittaire, la tête d'un Poisson, l'austral et le col de la Vierge. Le déplacement des colures, par l'effet de la précession, change non-seulement la position des fixes relativement aux saisons, mais encore leurs levers et leurs couchers dans les différens siècles. On trouve ce globe perpétuel chez l'Oysel, géographe, *rue du Plâtre-Saint-Jacques*, n° 9.

[*g*] On peut ajouter à nos preuves, celle-ci. La constellation de la Vierge n'a été appelée *Thémis*, et l'épithète de Juste n'a été donnée à celle du Centaure, qu'à cause que ces deux constellations tiennent à la Balance, qui même autrefois fut mise dans les mains de la Vierge. Or la fable de Thémis, et la réputation de justice accordée à Chiron, remontent à la plus haute antiquité. Donc le symbole qui leur a fait donner ce nom, est au moins de la même antiquité que cette dénomination.

[*h*] Un des premiers soins des hommes fut de compter le temps et de s'en procurer des mesures exactes. La première mesure offerte par la nature, est la durée du jour ou celle de la nuit, ou de tous les deux ensemble. On compta donc par jours; on compta par nuits, comme firent les Gaulois (4), et comme font encore quelques peuples du Nord (5).

---

(1) Ptolom., Géograph., ch. 7.
(2) Voy. de Pallas, tom. 4, pag. 579, et tom. 5, pag. 40 et 422.
(3) Hérodot, liv. 1, ch. 216.
(4) Ces. de bello Gallic., liv. 6, ch. 18.
(5) Mallet, introd. à l'hist. de Danem., ch. 13, pag. 335.

On compta aussi par intervalles d'un lever du Soleil au lever suivant ; ce que les Grecs appelaient *Nuctémeron*. On les prit dixaine par dixaine, douzaine par douzaine ; comme on comptait les autres choses, et on eut des sommes de dix jours, même des décades de mois qui tenaient lieu d'années. Ces sommes furent quelquefois moins régulières encore ; telle est celle de 304 jours dont étoit composée l'année de Romulus (1) qui n'était ni solaire, ni lunaire ; elle était de dix mois inégaux ; mais c'était toujours le nombre 10, par lequel on a commencé à compter. C'était une somme de jours convenue, d'après laquelle on pouvait fixer les dates du temps, sans chercher des rapports avec les mouvemens du Soleil ou de la Lune. Il ne faut pas être astronome pour se procurer une pareille période chronologique, ou plutôt cela prouve, comme dit Ovide, que Romulus ne l'était guères (2).

Scilicet arma magis, quam sidera, Romule, noras, etc.

Cependant en Egypte et dans tout l'Orient le Calendrier était réglé ; on avait des cycles, de longues périodes, des observations ; ce qui nous doit servir de terme de comparaison entre l'état de la civilisation des Orientaux, et de celle des Occidentaux à cette époque, où la Grèce ne faisait que commencer à établir sa période olympique, dont le lustre des Romains fut ensuite une image.

Numa, qui vint après Romulus, et qui était assez instruit dans la philosophie orientale pour son temps, réforma le Calendrier ; mais imparfaitement encore. Ce ne fut que sous Jules-César que la communication des Romains avec l'Egypte amena une réforme, d'après les principes astronomiques des Egyptiens. On remarque ici avec quelle lenteur marche la science, tandis que l'erreur se propage avec une rapidité qui serait étonnante, si l'on ne savait que de tout temps la sottise a été la reine du monde. Rome avait adopté toutes les superstitions de l'Orient, avant d'en admettre les connaissances vraies et utiles.

C'est en Orient seulement que nous voyons le flambeau de la science allumé depuis bien des siècles ; car la science n'établit son empire que sur les ruines de nombreux siècles d'ignorance et de barbarie.

Ce n'est ni le cours du Soleil, ni celui de la Lune qui règlent encore aujourd'hui l'année des Teleoutes ; c'est le retour de la chaleur et des glaces. Les Tongousses comptent par années d'hiver et d'été.

Les Tatars Tou-Kuie comptent leurs années par le reverdissement des plantes. C'est leur seul Calendrier (3).

Ceux qui ont une année mieux réglée, ne cherchent pas pour cela dans le ciel les dénominations de leurs mois ; mais ils les tirent de leurs opérations agricoles, de la chasse, des vents, du froid, du chaud, du retour de certains oiseaux, etc. Le Coucou indiquait le Printemps, ainsi que le Milan et l'Hiron-

---

(1) Macrob., liv. 1, ch. 12.
(2) Ovid, Fast., v. 29.
(3) D'Herbel, Biblioth. orient., tom. 6, pag. 153.

delle (1). Les Perses, dans leur Calendrier (2), ont conservé les traces de ces anciennes indications, qu'on retrouve encore chez beaucoup de peuples aujourd'hui. Les Votiaks appellent le mois de Mars le mois qui dissout la glace (3). *Diffugère nives*, etc., disent aussi les Poètes en parlant du même mois; et ces désignations prêtent beaucoup à la poésie, qui vit d'images; elles y prêtent même plus que celles qui se tirent de la science, à moins qu'on ne personnifie les astres et les constellations, comme ont fait les anciens poètes, dont les chants composent de leurs débris le dépôt de la Mythologie. Horace a peint le Printemps avec tout ce qui l'accompagne sur la terre; mais il n'a pas fait usage des astres comme dans l'ode (L. 3, Od. 23). Ces peuples appellent le mois de Juin, le mois où s'arrête le Soleil. C'est l'idée qui a frappé tous les peuples.

Les Tongousses donnent aux mois des noms tirés de leurs propres occupations, comme faisaient les anciens Arabes (4), de l'apparition de certains animaux, de la naissance de quelque plante. Ils ont le mois du Petit-Gris, le mois des semailles, etc. Il en est de même des Lapons. Leur mois de Mai est le mois de la Grenouille qui commence à coasser. L'image de ces animaux fut le symbole du mois.

Les Béltires appellent le mois de Juin, *le mois des Oignons blancs*, ou Aktschep-ai, parceque c'est dans ce mois la récolte des oignons, appelée par les Tatars, *Akschep*; c'est le *Cæpe* des Latins. Ils appellent le mois de Septembre *Orgok-ai*, mois de la moisson. Notre *Messidor* ne le précédait, que parceque nous faisons la moisson avant eux.

Les Tatars appellent Juillet, *le mois du Bouleau*, parceque c'est dans ce mois qu'ils en récoltent l'écorce. Ceux de Sifan disent le temps où le blé commence à pousser; nous disions *Germinal*; celui où les fruits mûrissent, nous disions *Fructidor*; le temps du froid; le temps du chaud, nous disions *Frimaire*, *Thermidor*. Ils commencent leur année au temps où l'on coupe les blés; et c'est là qu'ils placent les cérémonies et les réjouissances du nouvel an (5). Les habitans du Kamtchatka n'ont que dix mois à leur année, comme les Romains avant Numa, et ce sont leurs travaux qui la règlent (6).

Les calendriers des anciens Francs, des Saxons, et de beaucoup de peuples du nord, empruntaient aussi les dénominations des mois des opérations agricoles ou de la variété de température des saisons; comme on peut s'en assurer, en consultant le tableau des dénominations des mois chez les différens peuples (7), imprimé dans notre grand ouvrage.

On voit, par cet exemple, que c'est sur la terre qu'il faut chercher l'origine de ces dénominations caractéristiques de chaque mois, surtout quand il s'agit du

---

(1) Aristoph., Aves, act. 1, sc. 1, v. 191 et 194.
(2) Chardin, tom. 2, pag. 272.
(3) Horace, liv. 4, od. 6.
(4) Hist. des Huns, tom. 1, part. 1, pag. 43.
(5) Mémoire sur la Chine, tom. 14, pag. 238.
(6) Bailly, pag. 193.
(7) Origine des Cultes, tom. 3, part. 2, pag. 288.

Calendrier de peuples chez qui la science astronomique a fait peu de progrès. J'étais donc bien dans l'erreur, lorsqu'en 1778 j'interrompis mes travaux télégraphiques, que j'ai repris en 1787, et exécutés avec succès pendant une année, pour me livrer à la recherche de l'origine des noms des mois Attiques, que je croyais pouvoir découvrir dans les Cieux. Je ne trouvai pas ce que je cherchais, et ce que j'ai trouvé depuis dans l'Inde et à la Chine, comme on vient de le voir. Néanmoins cette tentative ne fut pas perdue pour la science, puisque c'est elle qui m'a conduit à entreprendre le grand ouvrage qui m'occupe depuis cette époque, et qui a produit les résultats que j'ai publiés et que je publie en ce moment. J'ai déjà annoncé dans un Mémoire, imprimé en 1781 dans le quatrième volume d'Astronomie de M. de Lalande, que c'était là ce qui avait donné naissance à mes travaux sur l'antiquité.

On ne peut cependant pas toujours juger du peu de progrès de la science d'un peuple, par la simplicité des dénominations données aux mois. Lorsqu'en 1793 je proposai au Comité d'instruction publique de la Convention, dont j'avais l'honneur d'être membre, le projet du Calendrier qu'il adopta, et dont mon collègue Rome fit le rapport, je pris pour guide les anciens savans de l'Orient, qui faisoient l'année de douze mois, de trente jours chacun, plus cinq épagomènes. Je partageai, comme les Athéniens et les Chinois (1), chaque mois en trois parties égales, appelées *Décades*. Ce Calendrier appartenait à la science ancienne. Mon collègue Fabre-d'Eglantine, moi-même et beaucoup d'autres, proposâmes des dénominations différentes qui furent imprimées sur un grand tableau. On y trouve, entre autres, l'ordre numérique qui est d'usage à Siam (2), et qui l'était à Rome, avant Numa. Celles de Fabre-d'Eglantine eurent avec raison la préférence, parcequ'elles groupaient les noms des mois par saisons, avec des désinences semblables pour chaque saison ; et qu'elles attachaient à chaque mois une idée, et, pour ainsi dire, une image facile à imprimer dans la mémoire du peuple. Il n'en est pas de même des Calendriers de l'Inde et de la Chine ; il fallut être véritablement instruit pour appercevoir les rapports que les noms des mois ont avec les divisions célestes. En Orient, la science a imprimé à tout son sceau, et c'est ce qui rend l'étude de l'antiquité si difficile. Ce n'est pas sans peine aujourd'hui qu'on peut démêler les traces de la science ancienne dans la nomenclature du Calendrier des Romains qui se compose de dénominations, les unes savantes, les autres plus simples, telles que celles qui sont empruntées d'un ancien ordre numérique ; les autres furent créées par la flatterie. La science revendique la consécration des quatre premiers mois de l'ancienne année à *Mars*, à *Vénus*, à *Mercure* et à la *Lune*, ou à *Junon*; c'est-à-dire aux quatre Planètes qui avaient leur domicile dans les quatre signes célestes qui répondaient à ces mois. On peut comparer ce Calendrier à ces édifices sans goût, construits des débris d'antiques et belles colonnes, par des barbares qui sont venus se placer sur le sol d'un peuple savant,

(1) Hist. des Huns, tom. 1, pag. XLVI.
(2) La Loubère, tom. 2, pag. 75.

N

et qui ont tout défiguré ensuite par les portraits modernes de leurs maîtres. Il n'est pas jusqu'à Domitien qui n'ait voulu flétrir par son nom ce Calendrier. Rien de semblable ne se remarque dans les Calendriers de l'Inde, de la Chine, de la Perse. En Perse, ce sont des génies, des anges qui donnent leur nom, et président aux différens mois et aux différens jours du mois; et ces anges sont souvent des intelligences planétaires.

On trouvera dans M. Hyde les noms de ces divers anges, qui président aux mois, aux jours, aux heures du jour (1). On reconnaît ces mêmes noms, avec des altérations, chez les habitans de la Cappadoce, qui adoptèrent le culte de Mithra (2); dans les antres sacrés duquel on retraça l'harmonie planétaire suivant l'ordre qu'ont les Planètes dans la semaine (3).

Les Perses étaient religieux; ils ont imprimé ce caractère à leur Calendrier, comme les peuples chasseurs, agricoles, savans, ont aussi imprimé aux leurs ces divers caractères.

Dans l'Inde, ce sont les intelligences qui président aux maisons de la Lune, qui donnèrent leurs noms aux mois; et comme cette distribution tient à la science, un tel Calendrier n'a pu être l'ouvrage que d'un peuple savant, et bien entendu que par lui.

C'est le même génie qui a créé les différens Cycles répandus dans tout l'Orient et ignorés de l'Occident, ou qui n'y ont passé que très-tard. C'est ce génie systématique qui lie ensemble, par des rapports, toutes les branches des sciences, pour en former un corps de doctrine, qui n'est connu que des nations éclairées, et dont les peuples barbares ne recueillent que quelques débris.

Les observations faites sur le mouvement journalier de la Lune, et sur les espaces parcourus dans l'intervalle d'un passage au méridien au passage suivant, donnèrent naissance à la division par maisons de la Lune, au nombre soit de 27, soit de 28. On en détermina les limites par les étoiles qui y correspondaient : on désigna chaque maison par un emblême, et on lui affecta des animaux et des plantes caractéristiques. On imprima à tout une image, parcequ'alors c'était par des images que l'on gravait tout dans la mémoire.

On fit la même chose pour chacune des années du Cycle de douze ans, connu dans tout l'Orient. On désigna chaque année du Cycle par un animal; la plupart de ces animaux sont dans nos Constellations (4) qui, elles-mêmes, ont été primitivement les images des opérations agricoles, des productions de la terre ou des phénomènes périodiques du Ciel. L'année, chez plusieurs peuples, partait du solstice d'hiver, anciennement au Verseau, premier signe du Cycle de douze ans. A ce signe était affecté le *Rat*, et le dieu Soleil ouvrant la période, prenait pour attribut le *Rat*. C'est l'Apollon Sminthien. Telle était

_____

(1) Hyde de Vet. Pers. Rel. , ch. 15, pag. 193, etc.
(2) Origine des Cultes, tom. 3, part. 2, tab. , pag. 288.
(3) Origen. Contr. Cels. , liv. 6, pag. 298. Origine des Cultes, tom. 2, part. 2, pag. 207.
(4) Orig. des Cult., tom. 3, pag. 362.

la statue de *Sethos* en Egypte, sur lequel on a fait un conte absurde pour expliquer cet attribut (1). On trouve aussi dans l'Inde cette Divinité qui tient en main le *Rat* ; c'est la divinité tutélaire du Septentrion. Ce Dieu préside au développement des plantes, etc. : on le nomme *Kubel*. Les Turcs ajoutent au mot *il*, ou année, le nom de l'animal qui préside à chaque année du Cycle (2), et les Siamois, *Pii* (3). Ainsi on dit l'année du Léopard, *Pars-il*; du Lièvre, *Thauscan-il*; du Serpent, *Ilan-il*; celle du Porc, *Dongouz-il*; c'est la douzième du Cycle. Dans le Tibet, c'est *Lo cingui Pah*, parceque Pah est le nom du Porc dans cette langue (4). Les Tibetans appellent l'année de la Poule ou la dixième année, l'année de l'Oiseau, *Cia* ; c'est *Ki* chez les Chinois, et *Dukaek* chez les Tartares.

Les Siamois disent *Pii counne*, l'année de Porc ; *Pii choüat*, l'année du Lapin (5), etc.

Quelques-uns de ces noms se trouvent avoir été connus des Mexicains ; ils s'en sont servis pour caractériser leurs mois, qui se composent chacun de deux Décades, ce qui fait en tout dix-huit mois ou trois cent soixante jours, plus, cinq jours épagomènes ; comme en Egypte, ils étaient des jours de fête. Ils avaient le mois du *Lapin*, du *Serpent*, du *Singe*, du *Lion*, du *Lézard* (6), etc. Ils employaient pour les autres mois d'autres symboles, tel que la *Rose*, pour le mois du Printemps, etc.

On y trouve d'autres symboles, tels que l'*Eau*, la *Pluie*, le *Vent*, etc., ceci rentre dans les idées météorologiques des anciens Calendriers, que nous avons fait imprimer dans notre ouvrage sur l'origine des Cultes (7), et ressemble aux Tsiehi des Chinois, lesquels marquent la température de l'air.

Les autres emblèmes, dont nous n'appercevons pas le sens, tels que le *Couteau*, l'*Epée*, le *Temple*, etc., (8) avaient aussi leur but symbolique, tels que la guerre, les sacrifices, etc. Le temps ou l'année était chez eux, comme en Egypte, représenté par un Serpent. Ils avaient la petite période de quatre ans (9) ou de 1461 jours, qu'ont encore les Chinois, les Coptes, et qu'avaient les anciens Egyptiens (10), et chaque année était désignée par un animal pris dans ceux du Cycle.

Ils décrivaient un cercle, au centre duquel était le Soleil, et de là ils faisaient partir quatre lignes jusqu'à la circonférence qu'elles divisaient en quatre

---

(1) Hérod., liv. 2, ch. 141.
(2) Alphab. Tibet., pag. 247.
(3) D'Herbelos, Bibl. orient., tom. 3, pag. 333.
(4) Alphab. Tibet., pag. 218.
(5) La Louber, tom. 2, pag. 78.
(6) Kirker Œdip., tom. 3, pag. 30.
(7) Orig. des Cult., tom. 3, part. 2.
(8) Soucier, tom. 3, pag. 94.
(9) Kirker Œdip., tom. 3, pag. 28; tom. 2, part. 2, pag. 254. Soucier, tom. 2, pag. 9.
(10) *Hor. Apoll.*, liv. 1, ch. 5; liv. 2, ch. 85.

parties égales, marquées chacune par des couleurs particulières, verd, rouge, bleu et noir, sans doute pour représenter les Saisons. Cependant ce cercle représentait aussi leur Cycle de 52 ans, puisque chaque division était sousdivisée en treize parties, chacune caractérisée par une marque distinctive.

Acosta fait commencer leur année, comme celle des Chinois (1), par le milieu du Verseau, aujourd'hui en Février, près la constellation Xe : c'est près de là que commence aussi celle des Japonais. Il serait difficile de ne pas reconnaître une ancienne communication de ces peuples avec les nations savantes de l'Orient, d'autant plus que nous avons déjà fait remarquer de grandes ressemblances entre les attributs de leur principale divinité, avec celle des Egyptiens et des Phéniciens (2). Le préjugé sur le grand Dragon qui dévore le Soleil dans les Eclipses, est commun aux Mexicains, aux Indiens et aux Chinois (3). Tout ceci nous rappelle aux siècles de l'écriture hiéroglyphique, où l'on choisissait (4) tel ou tel symbole, animal, plante, instrument, etc., pour représenter tel ou tel objet, par suite des rapports qu'on appercevait, ou qu'on imaginait entre la chose et son symbole.

C'est ainsi que dans l'usage que nous faisons des sons pour nous communiquer nos idées, nous choisissons de préférence les sons qu'on peut appeler Onomatopées, quand ils expriment le bruit ou le son de la chose dont on veut réveiller l'idée. Mais comme le nombre des idées que nous voulons exprimer, surpassé de beaucoup le nombre des choses qui rendent un son, nous sommes obligés de donner une extension d'analogie aux choix des sons, et même souvent de les prendre arbitrairement : c'est ce qu'on a fait pour l'écriture des signes. Le Fétichisme n'a pas eu d'autre origine ; une pierre, un morceau de bois taillé de telle ou telle manière, servit à représenter le génie invisible qu'on adorait, et bientôt en prit la place, comme les signes prennent souvent la place des choses signifiées. On désigna les Astres par des animaux. L'Ane tardif fut le symbole de la planète Saturne, dont la marche est la plus lente. Le Loup fut affecté à Mars. Un Cheval représenta le vaisseau, appelé, par quelques peuples, le *Cheval de la Mer* ; et à ce titre il fut affecté à Neptune. Ce symbole fut sculpté sur la proue des vaisseaux de Cadix, et là belle étoile du vaisseau céleste s'appela *le Cheval.*

L'image du Bœuf ne représenta pas seulement le Bœuf ; mais par suite de l'usage qu'on en faisait, le bœuf représenta le Labourage. Sa corne seule en devint le symbole,

Ab ungue disce leonem.

La Vache nourricière représenta la terre, ou, pour mieux dire, le Bœuf et

(1) Souciet, tom. 2, pag. 157 ; tom. 3, pag. 46. Martini, tom. 1, p. 52. Bailly, Astr. anc., p. 344.
(2) Orig. des Cult., tom. 2, pag. 189.
(3) Bailly, pag. 515.
(4) Hor. Apoll.

la Vache peints ne réveillaient l'idée d'un Bœuf et d'une Vache, qu'afin que la vue d'un bœuf et d'une vache fît naître celle du labourage et de la terre, dont ils étaient l'expression symbolique.

Ainsi, lorsqu'on groupa les étoiles par constellations, on leur imposa, non pas des noms, mais des images symboliques, comme on en trouve encore dans la Table des natchtrons, imprimée dans le second volume des Recherches asiatiques (1). C'est de cette manière que furent formés les catastérismes de nos sphères; les noms ne vinrent qu'après, et ils vinrent, parceque les mêmes choses étaient aussi représentées par des sons. Dans le choix de ces images, on préféra celle qui exprimait les propriétés, les fonctions de l'astre ou les indications qu'il donnait. Aussi on désigna par un chien la belle étoile *Sirius*, qui venait tous les ans avertir le peuple Egyptien du débordement, et qui gardait une des portes du Soleil, ou le Tropique (2); depuis on l'appela l'*Etoile du Chien*, ou le Chien. L'écriture des sons n'étant pas encore inventée, on n'écrivait pas le Chien, comme on a fait depuis, mais on le peignait. Cette image transmettait par les yeux l'idée de l'animal, aussi bien que les sons la transmettaient par l'oreille : cette écriture avait même l'avantage d'être affranchie de toutes les altérations de la prononciation et de la diversité des langues. De là vient que les peuples de la Corée, de la Cochinchine et du Tunquin, qui n'entendent pas la langue chinoise, entendent cependant les caractères (3) de l'écriture chinoise, parcequ'elle est l'expression des choses et non pas celle des sons : telle était l'écriture universelle ou l'écriture hiéroglyphique. Comme la langue a des sons radicaux, d'où se forment et se composent d'autres mots, l'écriture hiéroglyphique avait ses images radicales qui entraient dans la composition d'autres images.

De là ces figures bizarres et monstrueuses qu'offre à chaque ligne l'Ecriture sacrée des Egyptiens. On fit subir aux images toutes les modifications que subissent les sons dans les dérivés, dans les mots composés, et dans l'indication de leurs rapports, de leur liaison les uns avec les autres dans la phrase. C'est là ce qui fait désespérer de la pouvoir jamais entendre, outre que les radicaux eux-mêmes ont souvent un sens très-éloigné de l'image et très-arbitraire.

La nécessité fit créer ces images; l'esprit de mystère les fit ensuite conserver; de là vient ce style allégorique dans lequel est écrite la théologie des anciens. Ainsi, chez presque tous, le Pôle du nord ou le Pôle élevé sur notre horizon, fut désigné par une montagne.

Les cercles de la sphère qui divise le Zodiaque en quatre parties au point initial des saisons, s'appelèrent *les quatre grands Fleuves* qui coulent de la montagne. Le Gange, dans l'Inde; le fleuve Jaune, à la Chine, devinrent l'expression d'un des colures. Si les habitans du Valais ou du pays des Grisons eussent

---

(1) Trad., Rech. Asiat., tom. 2, pag. 337.
(2) Clément Stromat., liv. 5, pag. 567.
(3) Souciet, tom. 3, pag. 137.

décrit la sphère et ses cercles, ils auraient désigné le pôle par le St-Gothard, et les colures par le *Danube*, le *Rhin*, le *Rhône*, et par un quatrième Fleuve pris à leur occident, peut-être la *Seine* ; ce qui n'eût été entendu que des initiés ; et ce qu'il faut pourtant savoir aujourd'hui, si l'on veut comprendre les Cosmogonies anciennes.

Tout cet attirail symbolique, cette classification des animaux, des plantes, et d'autres emblèmes sous les divisions célestes, soit pour en exprimer la nature, soit pour en désigner les rapports avec la terre, est le fruit du temps et de la science. On ne commença pas non plus d'abord par imaginer des cycles, des périodes de restitution dans les positions des corps célestes, ni ces conjonctions, dont le retour suppose une grande suite de siècles, telles que nous en trouvons dans tout l'Orient dès la plus haute antiquité.

La période de 600 ans, par exemple, suppose nécessairement une longue suite d'observations ; Josèphe lui-même en fait la remarque (1), et il prétend qu'elle fut établie avant l'époque où il place le déluge.

On combina plusieurs cycles ensemble, comme le cycle de 10 années, de 12, de 28 et de 60 (2) ; les années y sont désignées à la Chine (3) par un caractère affecté à chaque année de chaque cycle.

Il y eut des cycles appliqués aux jours, aux lunaisons, aux années, aux heures (4). Les Chinois ont le cycle de 60 jours, comme ils ont celui de 60 ans (5), et ils donnent au monde une antiquité prodigieuse. Voilà quel a été depuis bien des siècles l'état de la science et du système chronologique en Orient, tandis que l'Occident ne nous présente rien de semblable. Nous pouvons donc conclure que c'est dans l'Orient qu'il nous faut chercher l'origine des sciences, les dates du temps et la clef des fictions qui ont pour base l'Astronomie. Tout l'Occident est muet, ou ne répète que ce qu'il n'entend pas.

Quelquefois aussi chez les peuples savans les phénomènes météorologiques ont servi d'indication d'une saison en même temps que les astres ; on en a une preuve dans le monument de Mithra, où les symboles de l'état de la végétation, et de la durée du jour, et les constellations équinoxiales se trouvent groupés ensemble pour déterminer le même point de l'année. Il en fut de même chez les Chinois, lorsqu'on voulut déterminer l'époque de la réunion des planètes dans la constellation X e, ou près du Pégase, 2240 ans avant notre ère (6).

La glace, dit-on, commençait à fondre, les insectes déjà se mettaient en mouvement, le ciel faisait ses opérations, la terre commençait à s'embellir, les hommes ouvraient leur cœur à la joie, les oiseaux, les quadrupèdes, tout ce

---

(1) Hist. des Juifs, liv. 1, ch. 3. Bailly.
(2) Histoire des Huns, part. 1, pag. XLVI.
(3) Mém. sur la Chine, tom. 13, pag. 231.
(4) Ibid.
(5) Souciet, tom. 2, pag. 16.
(6) Mém. sur la Chine, tom. 2, pag. 108 et 257.

qui vit dans la nature, cherchait à se reproduire: c'est le *Solvitur acris*, dont nous avons parlé plus haut. Mais ici l'astronomie, qui entre dans les indications ou signes indicatifs du premier printemps, annonce que ce Calendrier est celui d'un peuple savant; ce qu'on ne peut pas dire de celui des Votiaks et des Tongousses. Celui des Romains tient aussi sans doute à l'astronomie, mais il n'est pas leur ouvrage; il vient de l'Orient. On y emploie également les astres et le retour de certains oiseaux, pour indiquer les saisons; ainsi le *Favonius*, qu'Horace dit être le signal du premier printemps, est aussi donné par Varron comme l'indication du jour où commence cette demi-saison (1), tandis que le commencement d'autres saisons est indiqué par le coucher des Pléiades, et par le lever de la Canicule.

Ce n'était point au retour du vent *Favonius*, ni au lever de quelqu'astre, dit Cicéron (2), que Verrès faisait commencer le printemps, mais au moment où la rose était épanouie. On voit par là que le *Favonius* était l'indication du *primum ver*, comme on le trouve effectivement dans le calendrier romain (3). aux 7 des Ides de février: Il était accompagné du coucher de la Grande-Ourse (4). C'est aussi l'Ourse qui est désignée dans l'époque chinoise dont nous venons de parler. « La constellation Ché ou Xe comprend depuis l'une des ailes de Pégase » jusqu'à la main droite d'Andromède (5); c'est là que furent réunies cinq pla- » nètes, 2440 ans avant notre ère, sous le règne de Tchoueh-Hiu. Ce prince » compta pour commencement de l'année la Lune qui répondait à l'extrémité » de la queue de la Grande-Ourse, et la nomma première Lune. Ce fut le com- » mencement du printemps ». Voilà donc à la Chine et à Rome la Grande-Ourse qui préside à l'ouverture du *primum ver*. Il est certain que quand cette constel- lation *Xe* passe au méridien supérieur, la queue de la Grande-Ourse passe au méridien inférieur et fixe ce passage. C'est ainsi que la Lune, dans ce *Sou*, peut avoi des rapports avec la queue de l'Ourse.

C'est à-peu-près à la même époque, vers le 5 ou 6 février, que commence l'année des Japonais (6), qui ont aussi le cycle de 12 ans, comme les Chinois, et la division de 15 jours en 15 jours; car ils fêtent le premier et le 15 de chaque mois (7); ce sont leurs Ides.

Cette division de l'année en vingt-quatre parties se trouve chez les Perses et chez les Chinois. Ces sections du mois par quinzaine, s'appellent *tséki* chez les derniers, et chaque tséki est marqué par des caractères qui indiquent les phé- nomènes météorologiques et les commencemens des saisons et des demi-saisons.

---

(1) *Varro*, *de re Rustic.*, liv. 1 , ch. 28.
(2) *In Verrem*, *de Suppl.*, ch. 27.
(3) Orig. des Cult., tom. 2, part. 2, pag. 277.
(4) *Ibid.*
(5) Mém. sur la Chin., tom. 2, pag. 103 et 257.
(6) Kempfer, tom. 1, liv. 2, ch. 2, pag. 236.
(7) Voyage de Tunden.

Ces indications avaient aussi lieu dans les calendriers de Ptolémée, et surtout dans le calendrier romain (1), avec lequel celui des Chinois a une très-grande affinité, vraisemblablement parcequ'il vient de la même source, c'est-à-dire des Chaldéens; car c'est du solstice d'hiver donné par les Chaldéens qu'ils partent (2). Chaque tsieki fut soudivisé en trois, ce qui fait soixante-douze (3) parties appelées *heou*.

La cour des empereurs (4), avant la dynastie des Han, a été entre le 34ᵉ et le 40ᵉ deg. de latitude Nord, latitude un peu plus grande que celle de Babylone; c'est sous cette latitude que furent réglés les vingt-quatre tsieki, ou divisions de la route du Soleil, à partir du solstice d'hiver.

Table des Tsieki.

1. Dernier terme de l'Hiver.	13. Dernier terme de l'Eté.
2. Petit froid.	14. Petite chaleur.
3. Grand froid.	15. Grande chaleur.
4. Commencement du Printemps.	16. Commencement d'Automne.
5. Eaux de pluie.	17. Chaleur cessée.
6. Crainte des insectes.	18. Rosée blanche.
7. Division du Printemps.	19. Division de l'Automne.
8. Pure clarté.	20. Rosée froide.
9. Pluie pour les semences.	21. Brume tombée (Brumaire).
10. Commencement de l'Eté.	22. Commencement de l'Hiver.
11. Abondance.	23. Petite neige.
12. Semence de riz et de froment.	24. Grande neige.

On ne voit en tout cela qu'un almanach qui marque les équinoxes et les solstices, et le milieu de chaque saison, avec la température du mois, de quinze jours en quinze jours. Les calendriers de Ptolémée et ceux des Romains étaient encore plus précis, car ils marquaient le froid, le chaud, la pluie, les différens vents, les tempêtes, etc., avec les Constellations dont le lever et le coucher ramenaient chaque année à-peu-près les mêmes phénomènes. Mais une marque particulière à faire sur le calendrier des anciens Romains, c'est que les divisions par saisons y sont les mêmes et répondent à-peu-près au même jour que dans le Calendrier chinois, comme on peut le voir en les comparant tous les deux de 45 jours en 45 jours, ou de demi-saison en demi-saison, et en partant du solstice d'hiver, qui, dans le Calendrier romain, est indiqué au 8 avant les

(1) Chardin, tom 5, pag. 115. Astr. anc. de Bailly, pag. 486.
(2) Origine des Cultes, tom. 3, part. 2, pag. 269—293.
(3) Souciet, tom 2, pag. 60.
(4) Ibid., tom. 3, pag. 93, et tom. 2, part. 6, pag. 4.

lendes de janvier (1). On remarque aussi que cette fixation est attribuée aux Chaldéens. *Brumale solstitium sicut Chaldœi observant.*

Le 47e jour, ou le 5 des nones de février, le calendrier romain marque *commencement du printemps* (2), et le 44e après, il marque *équinoxe de printemps;* c'est ce que le calendrier chinois désigne par *divisions de printemps,* ce qui fait en tout 91 jours pour une saison, ou six *tsieki.* Mais Varron fixe ce commencement précisément au 45e jour. Le Calendrier romain marque au 45e jour après : *commencement de l'été* (3); et le Calendrier chinois marque aussi, après trois tsieki de quinze jours chacun, ou au 10e tsieki, *commencement de l'été.* Les voilà donc absolument d'accord, et on remarquera que ce Calendrier est celui des fastes, ou l'ancien Calendrier de Numa.

Le 46e jour après, ou au 8 avant les calendes de juillet, le Calendrier romain marque *solstice d'été* (4), et le Calendrier chinois, au bout de 3 tsieki de quinze jours chacun, ou au 13e tsieki marque *terme de l'été,* comme il avait marqué au solstice d'hiver, ou au premier tsieki, *terme de l'hiver.* Ce sont les deux termes du mouvement du Soleil en déclinaison, ou de ses voyages du Midi au Nord et du Nord au Midi. Voilà encore 91 jours, et en tout 182 jours. C'est le temps marqué par les Chinois, 181 jours, 90 Ke, 92 (5).

Quarante-cinq jours après, ou après trois tsieki, les Calendriers romains (6) et chinois marquent *commencement d'automne,* au même jour. C'est à ce quarante-cinquième jour que les Egyptiens font naître l'homme (7), ou le Boœtès.

Quarante-sept jours après, le Calendrier romain marque *équinoxe d'automne,* et le Calendrier chinois, après trois tsieki ou deux jours plus tôt, marque, *division de l'automne* (8).

Et 46 jours après, le Calendrier romain marque, *commencement d'hiver;* et le Calendrier chinois, après trois tsieki ou 45 jours, ou au 22e tsieki, marque aussi, *commencement d'hiver;* et 45 jours après il marque le *solstice d'hiver* (9) au point d'où nous sommes partis, et où les deux Calendriers se réunissent. La somme des jours depuis le solstice d'été jusqu'à celui d'hiver est, dans le Calendrier romain, de 183 jours, qui, avec 182 font 365. Les différences de coïncidence entre les deux divisions intermédiaires, vient de ce que nous comptons rigoureusement 45 jours par chaque tsieki, ce qui n'est pas exact; car alors nous n'aurions que 360 jours, et il en faut 365, tels que nous le donne le Calendrier romain. Ainsi cette différence doit être répartie sur les tsieki, à moins qu'on

(1) Origine des Cultes, tom. 3, part. 2, pag. 20 et 283.
(2) *Ibid.*, pag. 277.
(3) *Ibid.*, pag. 279.
(4) *Ibid.*, pag. 280.
(5) Souciet, tom. 2, pag. 72.
(6) Origine des Cultes, tom. 3, part. 2, pag. 280.
(7) Bailly, Astr. anc., pag. 392.
(8) Origine des Cultes, tom. 3, part. 2, pag. 281.
(9) *Ibid.*, pag. 283.

ne suppose cinq jours épagomènes. Cet accord, au reste, est très-remarquable entre le Calendrier de deux peuples situés aux deux extrémités de l'ancien continent. Il paraît que le centre des observations fut la Chaldée, d'où Numa et les Chinois reçurent ces divisions du temps ou du *kal*, qui se trouvent dans le Calendrier romain et chinois.

On ne doit pas s'attendre à trouver le même accord dans les indications mé-téorologiques qui, à raison du climat, éprouvent une variété qui n'a pas lieu pour le point initial des saisons, lequel est le même pour tous, et qui ne varie qu'à raison de la précession. Si, comme on pourrait le croire, ce Calendrier fixait les saisons ou les points cardinaux au huitième degré des signes, il remonterait environ à 970 ans avant l'ère vulgaire, et serait de beaucoup postérieur à celui qu'Eudoxe apporta ensuite en Grèce. Il répondrait au temps d'Hésiode, que Riccioli fait vivre vers l'an 953, avant notre ère (1).

Ce qui me confirme dans l'opinion que cette division de l'année en 24 parties vient des Chaldéens, c'est que les Chaldéens aussi l'avaient (2); c'est-à-dire qu'ils avaient douze dieux supérieurs qui présidaient chacun à un mois et à un signe du Zodiaque; ce sont les douze grands dieux tutélaires des 12 signes (3); en outre ils avaient hors du Zodiaque 24 constellations, qui répondent ici aux 24 tsieki; 12 au nord, et 12 au midi du Zodiaque; donc deux pour chaque mois; c'étaient sans doute les constellations ou étoiles qui fixaient les limites des tsieki, ou des parties du Zodiaque qui répondaient à la durée de chaque tsieki.

Tzetès, dans son Commentaire sur Hésiode (4), fait aussi commencer le printemps au huitième degré du signe d'Aries. Les intervalles de temps qu'il donne aux saisons, ne sont pas égaux, parcequ'il les règle sur des levers et des couchers d'étoiles qui ne gardent pas entre eux une égale distance; mais la to-talité est toujours 365 jours. Il fait la première saison de 86 jours; la seconde, de 124; la troisième de 56, et la quatrième de 100 jours.

Cette division du temps en huit parties ou huit saisons, que nous remarquons chez les Chinois, est celle que Varron appelle *division plus subtile* (5). Il fixe le premier jour de printemps, *in Aquario*, signe dans lequel commençait autre-fois l'année des Chinois. C'est aussi à *Aquarius* que répond le quatrième tsieki chinois, quand on prend pour point de départ le huitième degré du Capricorne. Varron met des distances inégales, parcequ'il prend aussi pour indications les levers et les couchers d'étoiles, et le retour du vent Favonius, qui souffle 45 jours après le solstice d'hiver ou après trois tsieki chinois, et dont il fait l'indication du com-mencement du printemps, comme fait Horace.

Solvitur acris hyems gratâ vice veris et Favoni, etc.

----

(1) Almagest., pag. 463. Bailly, pag. 429.
(2) Manil, tom. 5, v. 432.
(3) Diodor., liv. 2, ch. 31, pag. 144.
(4) *Ad Hesiod. Op. et Dies*, v. 492.
(5) *Varro, de re Rustic.*, ch. 27 et 28.

Néanmoins, malgré la différence des climats; on trouve souvent des indications météorologiques qui sont les mêmes dans les deux Calendriers. Ainsi, au
second tsieki, où les Chinois marquent *petit froid*, le Calendrier romain met,
continui dies hiemant (1). Au cinquième tsieki, le Calendrier chinois met *eaux
de pluie;* et la veille le Calendrier romain met *pluvia* (2).

Au neuvième tsieki, le Calendrier chinois marque pluie pour les semences; et
le romain marque la veille *dies humidus* (3).

Au onzième tsieki, le Calendrier chinois marque *abondance;* et le romain,
lever de la chèvre Amalthée, qui porte la corne d'abondance (4).

Au quatorzième tsieki, le Calendrier chinois marque, *petite chaleur;* et deux
jours avant le Calendrier romain met *calor* (5).

Au quinzième tsieki, les Chinois marquent, *grande chaleur;* et le Calendrier romain met, deux jours après, *lever de la canicule*, et *caligo œstuosa* (6).

Au dix-septième tsieki, où le Calendrier chinois marque *cessation de chaleur*,
le Calendrier romain met *pluie* (7).

Au vingtième tsieki, les Chinois marquent *rosée froide;* et le Calendrier romain, *pluie* (8).

Au vingt-unième tsieki, le Calendrier chinois marque *bruine tombée;* et
deux jours après, le Calendrier romain met, *hiemat cum frigore et gelicidiis*.

Voilà à-peu-près les rapprochemens qu'on peut établir entre les indications
météorologiques de Calendriers adaptés à des climats aussi différens.

On trouve aussi chez les Indiens la distinction de première moitié et de seconde
moitié de mois; en sanskrit *Patscheheh awel*, et *Patscheheh aker* (9).

Les Catayens et les Iguréens ont des cycles de quinze jours (10), ce qui rentre
dans la division des tsieki chinois.

On peut en dire autant des Ides du Calendrier romain, qui, avec les calendes,
répondent à-peu-près aux tsieki des Chinois; ce qui est un nouveau trait de
ressemblance.

[i] Nous convenons que la division du temps et celle du ciel par les solstices
semble donnée par le mouvement alternatif du Soleil du Midi au Nord et du

(1) Origine des Cultes, tom. 3, part. 2, pag. 276.
(2) *Ibid.*, pag. 277.
(3) *Ibid.*, pag. 278.
(4) *Ibid.*, pag. 279.
(5) *Ibid.*, pag. 280.
(6) *Ibid.*
(7) *Ibid.*, pag. 281.
(8) *Ibid.*, pag. 282.
(9) Oupnek'., tom. 1.
(10) D'Herbelot, Biblioth., tom. 3, pag. 75.

Nord au Midi. Quelques savans (1) ont pensé qu'elle était la plus ancienne, et que la seconde était postérieure, parcequ'elle tient davantage à la science.

. Mais rien ne prouve que la science ne fût déjà avancée, quand les divisions du ciel qui nous sont restées, furent faites. On voit en effet que les Egyptiens (2) avaient commencé la division du cercle annuel du Soleil par le point équinoxial de printemps, et les Egyptiens ici sont une autorité; nous mêmes, encore aujourd'hui, nous faisons partir la division des signes du Zodiaque du point équinoxial de printemps. Il est cependant vrai que la plupart des Calendriers anciens et les descriptions des constellations, que nous avons fait imprimer, et qui ne sont que des copies de la distribution donnée par Eudoxe, partent du solstice d'été; c'est même à cette occasion que Théon fait sa remarque sur la méthode égyptienne, au moins sur celle de son temps.

Les Brahmes également observaient les équinoxes dès la plus haute antiquité, et ils se servaient pour cela du gnomon (3).

Nous voyons pareillement des observations des équinoxes, aussi bien que des solstices, à la Chine, dès le règne d'Yao, c'est-à-dire 2300 ans avant notre ère (4).

[h] Ceci n'est point une contradiction avec ce que nous avons dit plus haut en parlant des mois, que par la suite les Chinois empruntèrent ou des Indiens, ou d'une source commune. Il ne s'agit ni des dénominations, ni des formes des mois empruntées des étrangers dans les temps postérieurs, mais du Zodiaque primitif qui remonte beaucoup plus loin.

[l] On trouve chez les Indiens la clef de cette théorie mystérieuse, dont nous parlons avec plus de détail dans notre Traité des mystères (5), et dans les supplémens manuscrits de notre grand ouvrage.

Suivant les Indiens (6), l'homme qui meurt dans le temps où le Soleil s'achemine du Capricorne vers la fin des Gémeaux, passe dans le Soleil, et de là dans le séjour de la félicité; celui au contraire qui meurt dans les six mois qui s'écoulent depuis que le Soleil est parti du Cancer, jusqu'à ce qu'il soit descendu au dernier degré du Sagittaire, n'arrive qu'à la Lune, d'où il ne sort que pour descendre sur la terre animer un nouveau corps. On voit aussi dans Macrobe (7), que c'est du Cancer que descendent les ames vers la terre pour animer des corps; et que c'est du Capricorne qu'elles partent pour retourner au séjour des dieux

(1) *Simplicius*, de *Cœlo*, liv. 2, comm. 46.
(2) *Theon.*, ad *Arat. Phæn.*, pag. 160.
(3) Le Gentil, Voyage de l'Inde, tom. 1, pag. 218.
(4) Souciet, tom. 2, pag. 147 et 102.
(5) Origine des Cultes, tom. 2, part. 2, pag. 205, etc.
(6) Bhagnat-Geta, ch. 8, pag. 86. Oupnek'hat, tom. 1 et 2.
(7) Macrob, Som. Scip., liv. 1, ch. 12.

et reprendre leur immortalité : ce qui prouve que c'est de l'Orient que l'Occident a emprunté sa théologie mystérieuse, comme il en a reçu les lettres, les sciences et les arts; aussi est-ce dans les livres des Orientaux, je ne puis trop le répéter, qu'il faut chercher la clef des énigmes sacrées, et des fables religieuses de tous les peuples.

Il est question sans cesse, dans les ouvrages des Orientaux, des voyages du Soleil du Nord au Midi et du Midi au Nord; voyages qui ont été chantés par les poètes, tantôt sous le nom de *travaux d'Hercule*, tantôt sous celui de *voyages de Bacchus*, suivant qu'on a considéré tel ou tel attribut éminent dans le Soleil, soit cette force qui subjugue tout et qui purifie la terre, soit celle qui est l'ame de la végétation, et qui enrichit l'homme des fruits délicieux de l'automne : le Soleil est tout dans la nature : il est aussi tout dans la Mythologie; il en est l'ame, comme il est celle du monde.

Non-seulement les poètes firent entrer dans leurs chants ce double mouvement du Soleil et sa course annuelle dans le Zodiaque; mais les théologiens en firent aussi le sujet de leurs dogmes les plus mystérieux. On peut s'en assurer par la lecture des Oupnek'ats (1), où l'on distingue les deux routes du Soleil (2). Il est, dit-on, six mois dans le côté du Nord, et six mois dans le côté du Midi. Il y entre par deux portes, dont l'une regarde le Nord et l'autre le Midi (3). Ce sont les deux signes solsticiaux, ou les deux portes de l'antre des Nymphes, sur lequel Porphyre a fait un Traité.

On appliqua aux deux divisions du mouvement lunaire, au temps blanc et au temps noir, les mêmes idées (4) qu'au mouvement ascendant et descendant du Soleil en déclinaison ; et on crut que de même que la croissance des jours était favorable au retour des ames vers leur principe, et que leur décroissance leur était contraire, de même la croissance de la lumière lunaire dans le mois, était aussi favorable à leur retour, et que sa décroissance leur était contraire. Ainsi le moment le plus heureux pour s'affranchir des liens du corps, et pour retourner au séjour lumineux dont les ames étaient primitivement descendues, c'était de mourir dans les quinze premiers jours d'une des Lunes qui se renouvelait dans les six signes ascendans, ou depuis janvier jusqu'à la fin de juin. Que de sottises ne débitent pas les hommes, lorsqu'ils veulent s'élancer au-delà du monde visible, quand ils en disent déjà tant même sur ce qui est visible et soumis à leurs sens ! Voilà pourtant ce qu'on appelait autrefois de la science ; voilà l'objet des spéculations les plus sublimes. Pauvres mortels, que vous êtes sots dans tous les pays, et dans tous les siècles ! Encore, si vous n'étiez pas pervers et cruels, on rirait. Ces sottises ont passé dans les plus graves institutions des peuples de l'antiquité, dans les mystères de Mithra, dans ceux d'Eleusis, d'Isis, etc.

---

(1) Oupnek., tom. 1, pag. 285, 291 et 293.
(2) *Ibid.*, tom. 2, pag. 131, 265, etc.
(3) Strabon, liv. 1, pag. 28.
(4) Dhaguat-Gita, pag. 87.

L'origine de cette fiction théologique vient de ce que les anciens avaient imaginé, sous le nom d'*ame*, une substance matérielle, infiniment subtile, émanée du feu éternel qui brille dans le Soleil et dans les astres, et qui faisait partie de cette substance lumineuse qu'ils nommaient *éther*. L'ame alors éprouvait toutes les altérations de la lumière (1); et quand le principe des ténèbres triomphait dans la nature du principe de la lumière, l'ame souffrait; elle se réjouissait, au contraire, quand c'était la lumière qui triomphait, comme cela arrivait tous les ans à l'équinoxe de printemps, d'abord sous le Taureau, puis sous l'Agneau. De là vient que la célébration des mystères était liée aux équinoxes, comme nous l'apprennent l'empereur Julien (2) et Saluste le philosophe (3). « On cé-
» lébrait les augustes mystères de Cérès et de Proserpine, dit Julien, à l'é-
» quinoxe d'automne, pour obtenir des dieux que l'ame n'éprouvât pas l'action
» maligne de la puissance ténébreuse qui allait prévaloir dans la nature.

» Il dit, au contraire, que puisque la lumière a une grande affinité avec la nature
» divine, et qu'elle est favorable à ceux dont l'ame se reporte vers son principe,
» comme cette lumière reçoit des accroissemens, et triomphe de la durée des
» nuits, lorsque le Soleil arrive au Bélier ou à l'Agneau, il s'ensuit qu'à cette
» époque les ames sont attirées en foule vers la lumière solaire, en suivant le
» plus brillant de nos sens, et celui qui a le plus de ressemblance avec le
» Soleil (l'œil) ».

Saluste le philosophe fait à-peu-près la même remarque sur les rapports de l'ame avec la marche périodique de la lumière et des ténèbres durant la révolution annuelle; et il assure que les fêtes mystérieuses des Grecs tenaient à cette opinion.

Le fonds de toute cette doctrine est en Orient, comme en convient Julien lui-même et comme on peut s'en assurer en lisant les Oupnek'ats, qui parlent de la manière dont l'ame sort du corps, des différentes routes qu'elle prend pour se rendre soit dans le Soleil, soit dans la Lune; de l'analogie qu'a l'œil avec le Soleil, du porsch qui est dans le Soleil et de celui qui est dans l'œil, et qui lui correspond.

On retrouve le fonds de la même doctrine chez les Chinois (4), qui l'ont appliquée à leur théorie sur la double matière, l'une parfaite, subtile et chaude, l'*yang* (5), et l'autre imparfaite, grossière et froide, l'*yn*; la matière parfaite va en croissant depuis le solstice d'hiver jusqu'à celui d'été, et acquiert successivement six degrés de force; la matière imparfaite augmente aussi de six degrés d'imperfection depuis le solstice d'été jusqu'à celui d'hiver. C'est aux deux solstices qu'elles atteignent chacune leur *maximum*, et qu'elles sont pures chacune dans

(1) Origine des Cultes, tom. 2, part. 2, pag. 192, 222, 227.
(2) *Julian. Orat.*, pag. 324, etc.
(3) Saluste, ch. 1, pag. 251.
(4) Chou-King, pag. 413.
(5) Souciet, tom. 3, pag. 72.

leur nature; dans les mois intermédiaires il y a mélange et combats. Ce sont aussi les mêmes dogmes qu'on retrouve chez les Perses, dans la distinction des deux principes, Ormud et Ahriman (1).

On a reproduit partout la même théologie, et c'est bien là le cas de dire, pour les Perses : *tutto il mondo è fatto come nostra famiglia;* de là les gigantomachies, etc. qui se terminaient par la victoire du bon principe sous *Aries,* et plus anciennement sous le Taureau mithriaque.

[*m*] On voit qu'à cette époque la Balance faisait partie du Zodiaque des Perses. Quand il ne s'agirait ici que du premier kordeh de la Balance, ou du quinzième de la série des kordehs ; en prenant le milieu de ce kordeh, qui a 12° 51' 26" comme les autres, il résulterait qu'au moins le colure passait par 6° 30' environ de ce kordeh, ce qui remonte au moins à 856 ans avant notre ère. En supposant qu'il passât même par le premier degré de ce kordeh, nous aurions la position que le colure avait environ 400 ans avant notre ère ; époque antérieure à la fondation d'Alexandrie, qui est de 332 ans avant l'ère vulgaire. La Balance était donc nommée dans la Cosmogonie des Perses plus de soixante ans avant que les Grecs s'établissent en Egypte, et avant la défaite des Perses à Arbèles. Donc elle n'est point de l'invention des Grecs d'Alexandrie, encore moins des flatteurs d'Auguste. On trouvera dans notre Mémoire sur l'origine des Constellations, et dans notre Dissertation sur le Zodiaque de Dendra, la réfutation de l'opinion de ceux à qui cette Balance fait peur (2), et qui souvent, pour nous combattre avec plus d'avantage, nous font dire précisément le contraire de ce que nous disons. Tel M. l'abbé Testa, savant d'ailleurs estimable, qui croit nous avoir réfuté d'une manière victorieuse et sans réplique, quand il dit que nous avons eu tort d'avancer que Sirius se levait héliaquement au solstice d'été, lorsque le Capricorne occupait ce point. S'il eût lu notre Ouvrage moins rapidement, il eût vu que nous disons formellement que c'était un lever du soir, ou d'opposition au commencement de la nuit (3), c'est-à-dire le contraire de ce qu'il lui plaît de nous faire dire.

Quant à la Balance, ce passage des livres Zends est une preuve de son antiquité.

[*n*] Le Bœuf représentait la terre en Egypte, et la Vache représentait Vénus, déesse de la fécondité (4).

L'Isis égyptienne était représentée avec des cornes de vache (5).

La Vache est singulièrement respectée dans l'Inde, moins encore pour ses qualités réelles, que sous ses rapports symboliques.

---

(1) Anquetil, Zend. Avest., tom. 3. Boundesh, pag. 344—347.

(2) Origine des Cultes, tom. 3, part. 1, pag. 337, etc.

(3) *Ibid.*, tom. 3, pag. 348.

(4) *Plut.*, *de Isid.*, pag. 366.

(5) *Ælian.*, *de Animal.*, liv. 11, ch. 27. Strab. liv. 17, pag. 803, 809.

[o] Un auteur indien (1) comparant les observations des solstices faites à diverses époques, autrefois au Lion et au Verseau, et depuis au Cancer et au Capricorne, nous dit : « que lorsque le Soleil a dépassé la borne solsticiale » d'hiver, et qu'il revient sur ses pas, il assure la richesse, et rend les grains » abondans, puisque sa marche alors est conforme à la nature, et qu'au contraire » il excite la terreur quand il suit une marche opposée ».

[p] Sans cette explication, cette tradition d'un fait physique impossible serait une absurdité; et alors aucune explication ne serait bonne. Il vaut mieux la considérer comme une énigme astronomique qui reçoit ici un sens, et dont les Indiens et les Perses nous donnent la clef.

[q] Plusieurs savans, tels que Gibert, Bailli, M. Villette, ont cherché à expliquer ce passage : nous avons cru devoir aussi proposer nos conjectures.

[r] Ce phénomène n'a lieu pour l'Inde que depuis le sixième degré de latitude, où il culmine sur l'île de Ceylan, jusqu'au tropique qui passe sur le golfe de Guzaratte et à Daca, près des bouches du Gange; c'est-à-dire depuis le moment où le Soleil a six degrés de déclinaison boréale jusqu'au tropique d'été. Ce qui arrive vers le six d'avril, et de suite jusqu'au 21 juin, et de même en redescendant jusqu'au 7 de Septembre.

[s] M. Testa fait un argument qu'il est facile de réfuter. Le Zodiaque de Dendra, dit-il, est moderne; car on y voit la Balance qui est un symbole moderne. Je lui réponds : la Balance est un symbole ancien; car elle se trouve nommée dans des livres qui ne sont pas modernes, et sculptée sur des monumens qui ne sont pas modernes; tels ceux d'Esné et de Dendra. En effet nous avons donné la preuve de l'antiquité de celui de Dendra, et M. Nouet la donne aussi de l'antiquité de celui d'Esné; ces preuves sont indépendantes du symbole de la Balance; car c'est le lieu des colures, indiqué d'une manière non équivoque dans ces deux Zodiaques. Si celui de Dendra, par exemple, était postérieur à la fondation d'Alexandrie, comme à cette époque le colure avait quitté le premier degré du Bélier, les images du Cancer et du Capricorne n'occuperaient pas la place qu'elles occupent dans le Zodiaque de Dendra ; le Capricorne serait au haut de la colonne où est le Verseau; et le Cancer tout entier au bas de celle du Lion et de la Vierge. Le haut de cette colonne serait occupé par le Sagittaire, et le Capricorne n'y paraîtrait pas; à moins qu'on ne suppose que les Egyptiens ont représenté ce qui n'était plus ; ce qui est indifférent pour nous, Car c'est l'antiquité des positions célestes et l'époque qu'elles fixent, et non pas précisément le monument d'architecture sur lequel un ancien Zodiaque aurait été sculpté, que nous examinons.

(1) Rech. Asiat., trad., tom. 2, pag. 432.

Si le symbole de l'égalité des jours et des nuits n'eût été placé aux cieux qu'à cette époque, il est évident qu'il eût servi à grouper des étoiles qui n'étaient plus là où se trouvait le Soleil, quand l'égalité des jours et des nuits en automne arrivait.

Elles étaient, sous Auguste, éloignées de près de vingt degrés du point équinoxial, et de plus de quinze du temps d'Alexandre. Est-il vraisemblable qu'on ait placé cette image aussi loin du point d'égalité?

La Balance se trouve nommée dans le Calendrier des Pontifes de Rome, qui remonte au moins à Numa (1). Nous avons déjà observé qu'on tira l'horoscope de la fondation de Rome, et qu'on dit textuellement que la Lune occupait la Balance. On a toujours admis dans le Zodiaque douze signes, c'est-à-dire des images, des emblèmes qu'on appelait σιγνα (2), et il n'y en aurait pas douze, si le Scorpion seul occupait les deux dodécatomories en entier, au lieu d'en occuper seulement une partie.

Hipparque (3) compte aussi douze Ζωδια. Partout on a reconnu la division duodécimale des figures ou des images appelées *facies*, aussi bien que celle des intervalles ou des parties de la division duodécimale, appelées μοιραι, lesquelles sont mobiles par l'effet de la précession, tandis que les images auxquelles on les compare ne le sont pas. C'est parceque ces images ne sont plus dans leurs cases primitives, dont la précession les a fait sortir, qu'elles n'expriment plus de rapports avec les saisons qui dépendent des μοιραι, ou des parties, que nous appelons improprement des signes. Aujourd'hui elles devraient ne plus porter ce nom, puisqu'elles ne renferment pas les images qui seules sont des signes, et qu'une division abstraite n'est pas un signe, mais une fraction, une soudivision.

L'autorité de Servius, que l'on cite à l'appui de cette opinion erronée, n'est point contre nous, puisqu'il ne parle que des Chaldéens, et qu'il convient que les Egyptiens avaient les douze signes (4) : or le monument de Dendra, d'où nous tirons nos preuves, est un Zodiaque égyptien, et non pas un Zodiaque chaldéen.

Voici le passage de Servius : *Ægyptii duodecim esse asserunt signa; Chaldæi verò undecim. Nam Scorpium et Libram unum signum accipiunt. Chaldæi nolunt æquales esse partes in omnibus signis; sed pro qualitate sui aliud signum 30° aliud 40° habere, cùm Ægyptii trigonas in omnibus velint. Modò ergo secundùm Chaldæos locutus est (Virgilius) dicens posse eum (Augustum) habere locum inter Scorpionem et Virginem. Nam Erigone est ipsa Virgo.*

Si l'assertion de Servius était vraie, il s'ensuivrait que les autorités que nous oppose M. Testa, étant tirées des Grecs, les Grecs auraient aussi parlé comme les Chaldéens; mais on n'en pourrait rien conclure contre les Egyptiens, chez

(1) Origine des Cultes, tom. 3, part. 2, pag. 278.
(2) Achill. Tat., ch. 23, pag. 23.
(3) Hipp., ch. 3, pag. 100.
(4) Servius, in Georg., liv. 1, v. 33, etc.

P

qui on appelait *Balance* ce que les Grecs appelaient *Chelæ*, dit Achilles Tatius (1) ; et dans les monumens desquels on retrouve toujours la Balance avec les autres images symboliques.

Mais je crois, même à l'égard des Chaldéens, que Servius s'est trompé. Diodore, dont l'autorité est au moins aussi respectable que celle du commentateur de Virgile (2), dit formellement que les Chaldéens comptaient douze dieux supérieurs, qui présidaient chacun à un mois et à un signe du Zodiaque. Donc il y avait douze signes, comme douze mois, et comme les douze dieux que les Astrologues (3) faisaient présider aux douze signes, et au nombre desquels on voit Vulcain, ouvrier en métaux, qui préside à la Balance, comme dieu artiste : sans cela il n'avait aucun rapport avec un Scorpion.

Les Indiens ont aussi leurs douze Patriarches qui président au Soleil de chaque mois (4). On appelle les douze mois les douze *Adyties* ou Soleils, et ils prennent divers noms.

Voici les motifs qui font attaquer l'antiquité de la Balance, par nos modernes faiseurs de chronologie. La Balance est une expression non équivoque de l'égalité, c'est-à-dire de celle des jours et des nuits ; car c'est celle-là qu'on a dû désigner, en plaçant ce symbole sur la route du Soleil. Les anciens l'ont toujours ainsi envisagée.

> *Libra die, somnique pares ubi fecerit horas,* dit Virgile (5),
> *Et medium luci atque umbris jam dividet orbem.*

Varron en avait fait la remarque avant lui. *Signa dicuntur eadem et sydera : Signa, quod aliquid significent ut libra æquinoctium* (6).

La Balance est donc un signe, une indication, et un signe de l'égalité des jours et des nuits ; mais les jours sont égaux aux nuits deux fois l'année, au printemps et en automne. Donc ce symbole a pu aussi bien être imaginé pour désigner l'équinoxe de printemps que pour désigner celui d'automne, d'autant plus que le premier est surtout celui qui a fixé l'attention des hommes, parce qu'alors la nature se renouvelle. *Vere tument terræ,* (7) etc.

> *Libra, Hesique parem reddunt noctemque diemque,*

dit Manilius (8), qui ailleurs reconnaît dans le signe ou dans la dodécatémorie

---

(1) Præg. Achill. Tat., pag. 90. Uranol. Petav., tom. 3.
(2) Died. Sicul., lib. 2, change. des signes. des Chaldéens.
(3) Manil., liv. 2, v. 432.
(4) Oupnek., tom. 2, pag. 208 et 364. Bagavad, liv. 2, pag. 421.
(5) Géorg., v. 208.
(6) *Varro, de Ling. latin.*, liv. 6.
(7) Géorg., liv. 2, v. 325.
(8) Manil., liv. 3, v. 230.

qui suit la Vierge, le double symbole, celui de la Balance et celui des serres du Scorpion qui en occupaient une partie.

Chelarumque fides, justæque examina Libræ(1).

Je pourrois citer Sénèque le tragique (2), Lucain (3), Ausone, etc. Tous ceux qui ont eu occasion de parler de ce signe, l'ont toujours considéré comme un symbole de l'égalité des jours et des nuits.

Voici les conséquences que l'on en tiroit.

S'il est bien certain que ce symbole de l'équinoxe soit aussi ancien que les onze autres symboles sous lesquels sont groupées les étoiles du Zodiaque, comme il est prouvé par le monument de Mithra et par le Zodiaque d'Esné, que ce symbole n'occupait pas autrefois le point où arrivait l'égalité en automne, il s'ensuit qu'il n'a pas été créé pour peindre cette égalité, à laquelle il ne répondit que bien des siècles après, lorsque le Taureau et le Scorpion eurent quitté les points équinoxiaux. Mais comme il n'y a que deux équinoxes, il s'ensuit que si ce n'est pas pour peindre celui d'automne que la Balance fut mise aux cieux, puisque le Zodiaque et ses images existaient déjà avant que la précession amenât la Balance et le Bélier, à la place du Scorpion et du Taureau, elle n'a donc pu être imaginée que pour caractériser celui de printemps; donc il faut l'y ramener, puisqu'elle l'a quitté : c'est ainsi que nous ramenons l'aiguille mobile de notre Tableau, en la faisant remonter selon l'ordre des signes, puisque la précession l'entraîne contre cet ordre. Si donc nous faisons la même chose pour la Balance, si nous la ramenons au point équinoxial de printemps, alors les Zodiaques solaire et lunaire, au moins à la Chine, partiront du même point, auront été fondus du même jet, et tout sera d'accord avec la chronologie de Pomponius-Mela, et avec la fiction sur le changement d'est et d'ouest du Soleil pendant cet intervalle; enfin nous aurons la position primitive des Zodiaques, telle qu'elle est donnée par notre Tableau.

Le raisonnement que nous faisons sur la Balance, nous l'avons fait sur le Verseau, dans nos Observations sur le Zodiaque de Dendra; nous le faisons sur l'Epi, qui n'est pas un symbole moins expressif et moins clair que la Balance. Nous disons, l'Epi désigne clairement la moisson; et c'est pour cela que la fille qui le porte est appelée *la Moissonneuse*. Lorsque le Bélier et la Balance répondaient aux équinoxes, l'Epi répondait aux moissons égyptiennes quand c'était la Balance qui occupait l'équinoxe de printemps; au contraire, il répondait en août ou au débordement du Nil, qui certes n'est pas l'époque à laquelle on moissonne en Egypte, quand c'étoit le Bélier qui occupait l'équinoxe du printemps; donc, pour que l'Epi soit à sa place, il faut que la Balance soit à l'équinoxe de printemps; donc il faut que le Capricorne soit au solstice d'été et

(1) Manilius, liv. 3, v. 304.
(2) Senec., in Herc. furent. et Hippol.
(3) Lucain, liv. 8.

le Cancer à celui d'hiver, comme il sera dans 10,000 ans, et comme il a été autrefois.

Nous dirons également, le Bœuf est l'image naturelle du labourage. On labourait à la fin d'octobre en Égypte, et le Soleil parcourait à la fin d'octobre le Bœuf céleste, quand la Balance était à l'équinoxe de printemps ; quand au contraire c'était Aries qui était à cet équinoxe, le Soleil ne parcourait qu'à la fin d'avril et en mai le Bœuf céleste, époque à laquelle on ne laboure pas en Égypte ; car bientôt le Nil va couvrir les campagnes par son inondation périodique. Donc, pour qu'il y ait de d'accord entre les mois que parcourt le Soleil, et les travaux de ce mois, il faut que la Balance réponde à l'équinoxe de printemps, et que les phénomènes célestes, ainsi que les opérations agricoles, soient en harmonie avec leurs signes où avec les symboles qui les caractérisent. Donc il faut encore ramener la sphère au point où l'Épi symbolique veut qu'on la replace.

Nous pourrions en dire autant du Capricorne à queue de poisson, et de son poisson, qui ne se lient au débordement qu'autant que la Balance est à l'équinoxe de printemps : quant au Cancer, il a été pris non-seulement pour symbole du mouvement rétrograde du Soleil, mais encore pour symbole de la lenteur du mouvement de cet astre au solstice d'hiver ; car les Égyptiens attachaient surtout à ce solstice l'idée de lenteur, ainsi que les Paphlagoniens ; les premiers peignant ce solstice par la marche lente d'un homme qui n'a qu'une jambe ; et les Paphlagoniens, par l'emblème d'un homme qui a les jambes liées (1). La marche lente de l'Écrevisse rendit la même idée ; aussi Manilius lui donne l'épithète de *Tardus*.

Solstitium Tardi cum fit sub sydere Cancri (2).

De même qu'il appelle le jour du solstice d'hiver, *Segnem diem* (3), *angusta dies* (4).

Cette épithète de *Tardus* fut donnée aussi à Saturne, à cause de la lenteur de son mouvement. Aussi sa statue à Rome était représentée les pieds liés, et on ne les déliait que le jour de sa fête. Dans les portraits que font de Saturne les Arabes, ils le peignent ayant une jambe coupée et s'appuyant sur une béquille. Dans un des monumens Mithriaques, c'est une béquille qui est le symbole de la planète de Saturne.

Les Indiens représentent Saturne planète, montant le pesant éléphant, tandis que Mercure, si agile dans son mouvement, est monté sur un oiseau et la Lune sur une gazelle. Il semble que les autres animaux que montent les autres planètes aient été choisis en raison de leur vitesse. Les astrologues de même consacrèrent l'âne à marche lente à Saturne ;

Tardi costas agitator aselli.

---

(1) *Plut., de Isid.*, pag. 378.
(2) Manil., liv. 3, v. 476.
(3) *Ibid.*, v. 250.
(4) *Ibid.*, v. 257.

Pour peindre cet affaiblissement du Soleil d'hiver, et les entraves données au jour, les Egyptiens vers le milieu de l'automne célébraient la naissance des bâtons du Soleil, parcequ'alors on supposait qu'il avait besoin d'appui (1). Tous ces emblêmes rentrent dans la même idée, dans celle de la marche lente du jour qui fait alors si peu de chemin.

Au contraire on peignit le solstice d'été, celui dont Manilius dit :

Solstitium summo peragis dùm Phœbus Olympo (2),

par les symboles les plus expressifs de l'élévation. Telle la pyramide sur laquelle on voit le disque solaire dans le Zodiaque de Dendra, et qui est placée près du signe solsticial d'été, tandis que l'homme qui n'a qu'une jambe est près du catastérisme, qui à cette époque occupait le solstice d'hiver.

Telle est aussi dans le Zodiaque primitif, l'image de l'animal qui grimpe sur la cime des roches les plus élevées. (3).

Ite meæ, felix quondam pecus, ite Capellæ :
Non ego vos posthàc viridi projectus in antro,
Dumosâ pendere procul de rupe videbo.

On aurait fait un contresens en langue hiéroglyphique, si l'on eût mis primitivement l'Ecrevisse au haut du ciel et le Bouc tout au bas.

On voit par ce que nous venons de dire, qu'il faut toujours en revenir à la position que nous avons donnée dans notre Tableau, pour que les signes ou les images célestes soient réellement des signes, et signifient quelque chose ; car dans toute autre position elles n'auraient aucun sens, aucun objet. Il serait bien étrange que les anciens, qui exprimaient tout par des images, eussent placé aux cieux des images insignifiantes, ou s'ils ont, comme je le pense, voulu signifier quelque chose en traçant ces emblêmes, qu'ils aient tout peint, excepté un des phénomènes les plus remarquables, celui de l'égalité des jours et des nuits. Or ils l'eussent oublié, si la Balance n'eût pas fait partie de ces images, et si elle n'était qu'une invention très-moderne, comme quelques personnes voudraient le faire croire.

En un mot, les images du Zodiaque n'étaient d'accord ni avec le ciel ni avec la terre chez aucun peuple il y a 2000 ans, et ne le sont pas encore aujourd'hui. On ne peut nier qu'elles y seront pour la plupart d'accord dans 10,000 ans ; donc elles ont dû l'être il y a 15900 ans ; car quand on a imaginé ces symboles, c'était pour qu'ils pussent servir à ceux qui les créaient, et non pas à ceux qui viendront 10,000 ans après nous.

[t] Voici la méthode que l'on doit suivre pour trouver en degrés le lieu des époques données en temps et antérieures à l'ère vulgaire. Comme nous avons fait partir la graduation de notre grand cercle extérieur de la première étoile du Bélier, qui était dans le colure 388 ans avant l'ère vulgaire, et qui est aussi

(1) *Plut.*, *de Isid.*, pag. 372.
(2) Manil., liv. 3, v. 418.
(3) Virg., Eclog. 1, v. 75.

le point initial de la division lunaire ; il faut donc retrancher ces 388 ans du nombre d'années donné avant notre ère, et diviser le reste par 72, nombre d'années que la précession met à faire rétrograder d'un degré le nœud équinoxial. Le quotient exprimera le nombre de degrés compris entre le lieu de l'équinoxe de printemps à cette époque, et celui du même équinoxe l'an 388 avant notre ère, époque à laquelle l'étoile γ du Bélier étoit sur le colure de l'équinoxe de printemps. En plaçant donc sur ce point l'extrémité *EP* de la croix ou de l'étoile mobile, les autres points marqueront par leurs extrémités le lieu de l'autre équinoxe et ceux des deux solstices : en voici un exemple. Veut-on connaître et marquer sur le cercle extérieur le point par lequel passait le colure de l'équinoxe de printemps, lors de la prétendue époque appelée *Prise de Troye*, que l'on fixe à l'an 1184 avant notre ère ? on retranchera de ce nombre, le nombre 388 ; le reste 796 divisé par 72 donnera au quotient en degrés 11°—3′—19°. C'est le degré par lequel on fera passer le petit trait ou la petite ligne tirée du centre, qui doit marquer sur la circonférence le lieu de l'équinoxe de printemps à cette prétendue époque ; ainsi des autres. Supposons pareillement que nous ne connaissions pas quel était l'état du ciel, relativement aux colures, comme nous le connaissons par des observations, sous le règne de l'empereur Iao, et qu'il faille le trouver par le calcul, nous retrancherons le nombre 388, du nombre 2277, époque à laquelle a commencé le cycle chinois sous Iao, et nous obtiendrons le même résultat que celui que donnent les observations ; car les pointes ou extrémités de la croix passeront par les mêmes constellations que celles qui sont indiquées par les observations.

Le père Souciet (1) nous dit que la quatre-vingt-unième année du règne d'Iao est rapportée à cette même année 2277 avant notre ère, et qu'elle est marquée pour la première année du cycle de 60 ans, institué par ce prince, à qui on attribue aussi la connaissance du cycle de 19 ans qui, à une heure et demie près, ramène au même point les conjonctions du Soleil et de la Lune, après 235 lunaisons, dont 7 intercalaires. En ajoutant 81 à 2277, nous aurons la première année du règne d'Iao en 2358 avant notre ère. C'est dans cet intervalle qu'ont été faites les observations des équinoxes et des solstices tracés sur notre Tableau.

Il paraît, dit Bailly (2), que la chronologie des Chinois est assez suivie jusqu'à 3000 ans environ avant l'ère vulgaire. Nous ne connaissons pas de peuple en Occident, qui ait eu une chronologie aussi bien établie et d'une aussi longue durée ; les Grecs ne connaissaient presque rien au-delà de leur première olympiade, ou connaissaient mal ; car les dates antérieures appartiennent plutôt à leur mythologie qu'à l'histoire (3). On doit regarder comme une monstruosité des dates données à des fictions poétiques, physiques, astronomiques ou morales ; c'est cependant ce qu'ont fait et font encore aujourd'hui tous nos chronologistes.

---

(1) Souciet, tom. 3, pag. 47.
(2) Astr. anc., pag. 337.
(3) Censorin, ch. 21, pag. 126.

On peut dire, comme Plutarque (1) : « C'est là le pays des fictions et des
» monstres; les poètes et les faiseurs de fables habitent ces terres; tout ce qu'on
» y trouve n'a ni certitude ni fondement ». Plus de 500 ans avant Plutarque,
Thucydide, comme le remarque très-judicieusement M. Dacier, avait reconnu
que tout ce qui précédait la guerre du Péloponèse était fort incertain. Il n'en
est pas de même chez les Chinois, qui liaient les monumens de l'histoire aux observations astronomiques, et chez qui le tribunal de mathématiques et celui d'histoire
étaient unis ensemble (2). Les observations faites sous Iao, qui fixent le lieu
des colures et la période de 60 ans qui sert encore à leur chronologie, puisqu'ils
comptent aujourd'hui la troisième année du soixante-neuvième cycle depuis Iao,
période qui s'accorde avec les observations, sont une preuve du soin qu'ils prenaient
de lier l'ordre successif des événemens de la terre à l'ordre des mouvemens
célestes.

On sera dispensé de tout calcul, si l'on a sur la croix mobile, dans l'intervalle qui sépare la branche SE de la branche EP, un quart de cercle d'environ
trois lignes de largeur, qu'on laisse en taillant la croix dans un grand carton,
et qu'on divise en 65 parties ou 65 siècles, durée d'un quart de la révolution
des fixes.

Pour avoir le lieu de l'équinoxe de printemps à une époque donnée avant
l'ère vulgaire ou avant la présente année, on posera la branche EP de la croix
mobile, sur la ligne tracée par la tête du Poisson voisin du Bélier, et marquée
EP, ère vulgaire, s'il s'agit d'un intervalle de temps donné avant l'ère vulgaire,
ou sur la ligne tracée par la tête de l'autre Poisson, et marquée EP actuel,
s'il s'agit d'un intervalle de temps jusqu'à ce jour. Les chiffres du quart de cercle
séculaire indiqueront le point par où il faudra tracer la ligne qui marquera le
lieu de l'équinoxe de printemps cherché pour l'époque donnée. Les mêmes chiffres
serviront également à connaître combien de siècles se sont écoulés depuis une
des époques indiquées dans le Tableau par les lignes tracées et marquées EP,
jusqu'au commencement de l'ère vulgaire, si c'est sur la ligne EP, ère vulgaire,
qu'on pose le point zéro du quart de cercle mobile, ou jusqu'à ce jour, si c'est sur
la ligne marquée EP actuel, qu'on le pose.

Ainsi l'on verra tout de suite que le lieu de l'équinoxe de printemps, que donne
l'observation des Pléiades rapportée dans Ptolémée, et supposée dans les livres
de Job, remonte à 3000 ans avant l'ère vulgaire, ou que la ligne tracée pour
l'indiquer, et marquée EP Job, Pléiades, répond au chiffre 3000 ans de la division du cercle séculaire, quand le point zéro pose sur la ligne EP, ère vulgaire,
qui passe par la tête du premier Poisson, et qu'elle répond au chiffre 4800,
quand c'est sur la ligne EP actuel, qu'elle pose; c'est-à-dire, qu'il s'est écoulé
4800 ans depuis cette observation jusqu'à ce jour; ainsi des autres.

_____

(1) *Vit. Thesei*, tom. 1, pag. 1.
(2) Souciet, tom. 2, pag. 158.

Réciproquement, si l'on veut tirer sur le Tableau une ligne que nous n'ayons pas fait graver, par exemple, celle qui marquera le lieu où répondait le point équinoxial de printemps à l'époque appelée *Prise de Troye*, que l'on fixe à l'an 1184 avant l'ère vulgaire, on posera la branche *EP* sur la ligne *EP*, ère vulgaire, et l'on tirera une ligne par le chiffre 1200 ou un peu au-dessous ; et l'on aura le lieu de l'équinoxe de printemps à cette époque vraie ou fictive. Si nous voulons avoir une ligne qui soit en quelque sorte l'horizon des connaissances des Grecs dont nous avons les écrits, celle qui sépare les temps historiques des temps fabuleux, suivant Varron (1), nous n'aurons pas besoin de remonter aussi haut ; car c'est à la première olympiade qu'il faut s'arrêter, c'est-à-dire à l'an 776 avant notre ère ; c'est entre le chiffre 700 et le chiffre 800 du cercle séculaire que nous la ferons passer. Nous aurons par ce moyen un terme de comparaison entre la chronologie historique des Grecs, et la chronologie astronomique des Orientaux ; et nous pourrons tirer toutes les conséquences qui naissent de cette comparaison.

Il en sera de même pour les monumens et pour les poëmes astronomiques.

Voulez-vous connaître à quelle époque et sur quelles bases le monument de Mithra a été composé dans l'origine ? placez l'extrémité *EP* de la croix sur la ligne marquée *EP*, Perse, Grèce, Egypte, et vous aurez la division de l'année en deux parties. La partie supérieure comprendra le commencement de la végétation printanière, désignée dans le monument par un arbre qui vient de se couvrir de feuillage, et celui des jours plus longs que les nuits, au moment du passage du Soleil vers nos régions, désigné par un flambeau élevé et allumé ; et vous aurez sous la pointe de la croix, le Taureau qui, dans le monument, accompagne ces deux emblêmes de la végétation et de la lumière.

Au haut, ou à l'extrémité de la branche *SE*, vous verrez le Lion, où était alors le repos solsticial du Soleil, et qui, dans le monument, se trouve à côté de l'Hydre de Lerne, constellation qui est sous le Lion et qui se lève avec lui, ainsi que le Corbeau placé sur l'Hydre, et qu'on voit en haut. C'était son coucher héliaque qui marquait alors l'arrivée du Soleil au Lion solsticial ; comme celui du grand Chien, placé près du Taureau, annonçait le passage du Soleil dans les étoiles du Taureau équinoxial. Dans les talismans on mettait aussi le Corbeau avec l'image du Soleil fabriquée sous le Lion (2). A l'extrémité de la branche marquée *EA*, et qui fait la séparation des signes de printemps et d'été affectés à la production et à la lumière ou aux longs jours, d'avec ceux d'automne et d'hiver, on remarquera le Scorpion qui est aussi dans le monument au côté opposé au Taureau près d'un arbre chargé des fruits de l'automne, et auquel est attaché un flambeau renversé, qui marque bien l'accourcissement des jours, le passage du Soleil vers le pôle abaissé et le règne des longues nuits.

(1) *Censorin*, de Die natal., ch. 21, pag. 126.
(2) *Marsil. Fic.*, liv. 3, ch. 13. De Vitâ propag.

De même qu'on remarque à l'extrémité de la queue du Taureau printanier les épis, qui à la suite du printemps couvrent les sillons, on voit aussi sous le ventre du Grand-Taureau le Scorpion d'automne qui dévore le principe de fécondité que le Taureau avait donné à la terre; ce Scorpion est l'astre kesil, qui dans le livre de Job est censé produire l'engourdissement de la nature. D'un seul coup-d'œil on embrassera ce vaste Tableau, et ramenant la branche *EP* de la croix mobile sur la ligne qui passe entre le Verseau et les Poissons, laquelle marque la position de l'équinoxe actuel, on comptera sur le cercle mobile et gradué par siècles, le temps qui se trouve écoulé depuis la ligne marquée *EP*, *Perse*, *Grèce* et *Égypte*, où l'on avait placé d'abord la branche mobile *EP*, et l'on verra que cette ligne répond à 4300. Il y a donc 4300 ans que fut tracé le premier dessin de ce monument du culte du Soleil, monument qui a été copié bien des fois depuis, sans qu'on y ait rien changé, quoique les constellations équinoxiales et solsticiales aient changé; que le Bélier d'abord, puis les Poissons d'un côté soient venus se placer à l'équinoxe de printemps; la Balance et la Vierge à celui d'automne; le Cancer et les Gémeaux au solstice d'été. On a conservé les anciennes images, soit par respect, soit par ignorance; cependant nous en trouvons où l'on a substitué le Bélier, mais aucun où l'on ait encore substitué les Poissons.

On reconnaîtra par là à combien de siècles l'époque de ce monument remonte au-delà des époques connues et assignées aux événemens les plus reculés, tels qu'aux déluges, soit de Deucalion, et d'Ogygès chez les Grecs, de Vatiasatra chez les Indiens, de Iao et de Tchouen-Hiu à la Chine, de Xixuthrus en Chaldée. D'un seul coup-d'œil on mesurera ces espaces, si déjà l'on a tracé sur le Tableau des lignes qui répondent à l'âge de ces événemens. On verra, par exemple, qu'il remonte plus de 1400 ans avant l'époque appelée *Prise de Troye*.

Je ne crois pas que Deucalion ait mis un pareil monument dans son vaisseau, ni que Xixuthrus l'ait déposé à Siparis, ville du Soleil, quoique les Chaldéens prétendent qu'il enterra tous les monumens des connaissances humaines, et que Josèphe dise que les enfans de Seth, sachant que le monde périrait par l'eau et par le feu, élevèrent deux colonnes, l'une de brique, l'autre de pierre, sur lesquelles ils gravèrent les connaissances qu'ils avaient acquises, surtout en Astronomie; ils pensaient, dit Josèphe (1), que s'il arrivait qu'un déluge ruinât la colonne de brique, celle de pierre demeurerait pour conserver à la postérité la mémoire de ce qu'ils y avaient écrit. Leur prévoyance, ajoute Josèphe, réussit; et on assure que cette colonne de pierre se voit encore aujourd'hui dans la Syrie. Je laisse au lecteur à apprécier ce récit. S'il est vrai, il s'ensuivra qu'il nous est resté des observations astronomiques et des monumens du culte solaire antérieurs à une grande inondation qui aurait bouleversé la terre : ce seront autant de traces des connaissances antédiluviennes, si les déluges dont parlent

(1) Josèphe, liv. 1, ch. 2.

Q

les Chaldéens, les Indiens, les Chinois, les Grecs, ne sont pas des fictions astronomiques sur la fin de l'année et sur son renouvellement, ou sur celui de grands cycles qui se renouvelèrent au Verseau, signe dans lequel commencent l'année et le Zodiaque des Chinois. Au reste, tous les Arabes, suivant Kirker, s'accordent à faire remonter l'Astronomie au-delà de l'époque appelée *déluge* (1). Dans la même position, la croix mobile marquera aussi par ses quatre extrémités les quatre constellations du Zodiaque placées en évidence le long du simulacre du dieu Soleil Serapis (2), entortillé du Serpent, ou du symbole du cercle oblique du Zodiaque dans lequel roule l'année. Le Verseau qui était au solstice d'hiver ou au bas du Zodiaque, sera sous l'extrémité inférieure de la croix, comme il est près des pieds de la figure de Serapis, et de la tête du Serpent renversé. Ces deux monumens remontent donc à la même époque, l'une en Perse, l'autre en Égypte. C'est à cette époque que nous trouvons aussi en Égypte un lever de Sirius ou de ce chien qui est le chef des étoiles fixes suivant la théologie des Perses (3).

La même position nous donnera les points solsticiaux et équinoxiaux à l'époque où furent faits les poëmes sur Hercule, Bacchus, Osiris, etc., dont nous avons donné l'explication dans notre grand Ouvrage.

L'année y est supposée commencer au solstice d'été, occupé alors par le Lion. C'était le premier signe qu'il parcourait en entrant dans sa carrière annuelle ; c'est ce qu'indique l'aiguille mobile dont la pointe SE pose sur le Lion et les autres sur le Taureau équinoxial de printemps, sur le Scorpion, et sur le Verseau : ce dernier était alors la Constellation qui occupait le solstice d'hiver, d'où part la première saison des Indiens, ou le Ritou Sisira, et où commençait l'année au solstice d'hiver, du temps d'Iao. C'est à cette même époque que l'on composait, dans les temps reculés de la Grèce, ces poëmes chantés, dont les débris composent le recueil de la Fable connue sous le nom de *Mythologie grecque*, tels que l'Héracléide, la Théséide, les Dionysiaques, etc., dont nous n'avons que des sommaires ou de mauvaises imitations. C'est dans ces siècles que furent faits les anciens Calendriers, dont nous avons marqué sur notre Tableau quelques observations des Pléiades, et que se forma la langue qu'employa depuis Homère, et qu'il ne créa pas, lorsqu'après de longs siècles d'ignorance il fit revivre la poésie en Grèce.

[u] Le cycle de 60 ans n'est pas le seul dont les Chinois fissent usage.

La période de 19 ans, appelée vulgairement *cycle de Meton* et *nombre d'Or*, qui ramène à peu près aux mêmes points du Ciel les nouvelles et les pleines Lunes, ne fut connue des Grecs que 432 ans avant notre ère (4) ; celle de Callippus, qui en est le quadruple, ou la période de 76 ans, ne le fut qu'en 331 avant l'ère

(1) Kirker, Œdip., tom. 2, part. 2, pag. 141.
(2) Origine des Cultes, tom. 2, ch. 14, pag. 176.
(3) Plut., de Iside, pag. 329.
(4) Astr. anc. de Bailly, pag. 450.

vulgaire. Ces périodes, fruits du génie des Orientaux, étaient d'un usage immémorial en Orient : elles se trouvent chez les Indiens, chez les Chinois, chez les Tartares (1) ; et les Grecs, en cela comme dans beaucoup d'autres choses, ne furent riches que des dépouilles de l'Orient. Aussi est-ce avec beaucoup de raison que M. Bailly a remarqué que Meton n'était pas l'inventeur de ce cycle (2). Meton avait été en Egypte, suivant Abulfarage : il pouvait avoir emprunté des Egyptiens cette période, comme Eudoxe et Platon (3) apprirent d'eux que l'année excédait d'un quart de jour 365 jours, ou qu'elle était de 365 jours un quart ; connaissance qui remontait à une très-haute antiquité chez les Egyptiens, comme on peut en juger par la période Sothiaque, à laquelle elle sert de base (4) ; elle se trouvait aussi dans l'Inde.

Cette connaissance de la durée approximative de la révolution annuelle, celle de la période callippique et du cycle de Meton, dont celle-ci se compose, date aussi d'une très-haute antiquité à la Chine (5). Les Missionnaires astronomes font remonter la connaissance de l'année de 365 jours un quart, chez les Chinois, à plus de 2200 ans avant notre ère (6) ; et les Romains n'en firent usage que sous Jules-César : on voit encore par là avec quelle lenteur les sciences de l'Orient ont passé dans l'Occident.

C'est par suite de cette connaissance, que les Chinois ont eu la petite période de 1461 jours (7), ou de 4 ans, dont une année est bissextile : cette période de jours est à la période Sothiaque de 1461 années, ce que le jour est à l'année ; ils savaient que le solstice d'hiver revenait à la même heure tous les 4 ans à peu près.

Quant au cycle de 19 ans, il paraît, dit le Père Souciet, qu'il y a très-longtemps qu'ils le connaissaient (8) : il leur a servi à composer diverses périodes, telle que celle de 76 ans ou 4 fois 19 ans, connue en Grèce depuis, sous le nom de période Callippique, et qui devait ramener encore avec plus de précision les conjonctions et les oppositions de la Lune et du Soleil, aux mêmes jours, et aux mêmes points du Ciel.

Pour vérifier l'accord des mouvemens célestes avec leurs Tables, et corriger les erreurs de celles-ci par des intercalations, ils avaient soin d'observer à la fin de chaque période de 76 ans, le véritable moment du solstice d'hiver. C'est ce qui résulte de la comparaison qu'on peut faire entre elles de près de onze siècles

(1)
(2) Bailly, Astr. anc., pag. 227.
(3) Ibid., pag. 247.
(4) Ibid., pag. 182.
(5) Souciet, tom. 1, pag. 3 et 19.
(6) Ibid, pag. 138.
(7) Ibid., tom. 2, pag. 9.
(8) Ibid., pag. 16.

d'observations de ce solstice, où commençait leur année. Elles sont rapportées par les Jésuites Missionnaires, d'après les livres d'Astronomie des Chinois (1), dont les époques se lient à leur histoire. Je vais en transcrire le Tableau, afin que le lecteur puisse en faire la comparaison : il lui sera aisé, en faisant la soustraction d'un nombre de celui qui le précède, ou en prenant la différence qui règne entre l'époque de deux observations qui se suivent immédiatement, de voir que partout cette différence est de 76 ans, ou de 4 fois le cycle de 19 ans; ce qui ne peut pas être l'effet du hasard.

Table d'Observations du solstice d'hiver, à minuit, le jour de la conjonction du Soleil et de la Lune, faites à la Chine dans les année s suivantes

1ère **Observ.** en 1111 av. l'Ere vulg.

Diff.

		76 ans.
2	1035	76
3	959	76
4	883	76
5	807	76
6	731	76
7	655	76
8	579	76
9	503	76
10	427	76
11	351	76
12	275	76
13	199	76
14	123	76
15	47	

Ici finit le Tableau d'Observations; mais on doit supposer qu'on en a fait depuis, et qu'on en avait déjà fait long-temps avant l'époque de 1111 ans avant notre ère, puisqu'on attribue la découverte de ce cycle, ou plutôt son adoption à Iao, qui régnait 2300 ans avant notre ère (2).

Si l'on remonte la suite des siècles qui ont précédé la plus ancienne observation qui nous reste, ou celle de l'an 1111 avant notre ère, on arrivera progressivement après vingt-deux observations, à l'an 2783, où commença la période Sothiaque, qui se renouvela en l'an 1322 avant l'ère vulgaire. Le commencement de cette

(1) Souciet, tom. 2, pag. 35.
(2) *Ibid.*, pag. 47.

ancienne période, et son renouvellement, sont marqués par des lignes dans notre Tableau, sous les lettres *PS*. La première passe par les jambes du Taureau : c'est à celle-là que se rattache le cycle de 76 ans dont nous avons vu le renouvellement depuis 1111 jusqu'à 47 ans avant notre ère. En effet, si de l'an 2783, on retranche l'an 1111 pour avoir l'étendue de cette lacune, on aura 1672 ans, qui se divisent exactement par 76, et nous donnent 22 au quotient, ou 88 renouvellemens du cycle de Meton, depuis le départ de cette ancienne période Sothiaque jusqu'à l'observation de 1111 avant notre ère; et 37 renouvellemens de la période de 76 ans, ou 148 du cycle de Meton jusqu'à l'an 47 avant l'ère vulgaire : dans cet intervalle, le lieu du solstice d'hiver avait rétrogradé de 38 degrés. Or il est impossible que des observations suivies pendant un aussi grand nombre de siècles, n'aient pas fait appercevoir à l'observateur le moins attentif, le déplacement rétrograde des points équinoxiaux et des points solsticiaux, ou le mouvement apparent des fixes; aussi les Pères Jésuites astronomes conviennent-ils que le mouvement de la précession était connu depuis long-temps des Chinois, et qu'ils le faisaient d'une quantité à peu près égale à celle que nous trouvons aujourd'hui (1).

Les Indiens le connaissaient de temps immémorial (2), ainsi que les Perses (3), que les Chaldéens, et les Egyptiens (4). C'est donc avec raison que M. Bailly (5) avance que la connaissance de la précession est répandue dans toute l'Asie jusques à la Chine, tandis qu'en Grèce, 128 ans avant notre ère, Hipparque ne faisait que la soupçonner, et que Ptolémée, qui est venu trois siècles après, ne la faisait que d'un degré en 100 ans, quoiqu'elle soit d'un degré en 72 ans; *nouvelle preuve des progrès lents que la science des Orientaux a faits en Occident, où l'on prétend aujourd'hui savoir tout.*

La période de 76 ans dont nous venons de parler, et qui donnait un peu plus d'un degré de déplacement aux colures, ou environ 1°—3'—20", et près de 16' à chaque renouvellement du cycle de Meton, s'appelait *Pou* chez les Chinois (6) : on l'attribuait, comme nous l'avons dit, à Iao, restaurateur de l'Astronomie chinoise, celui sous qui commença le premier cycle de 60 ans, qui sert encore aujourd'hui aux Chinois pour compter les dates de leur histoire.

Le cycle de 76 ans, ou de 4 cycles de 19 ans, ne leur paroissant pas avoir encore assez d'exactitude, ils en composèrent d'autres cycles, tels que le cycle de 1520 ans, qui n'est que le *Pou* répété 20 fois, lequel multiplié par 3, donne le cycle de 4560 ans : ce cycle n'est que l'application du cycle de 60 ans au

(1) Souciet, tom. 2, pag. 103.
(2) Voyage de l'Inde, par le Gentil, tom. 1, pag. 240, etc.
(3) Bailly, pag. 392.
(4) *Ibid*., pag. 403.
(5) *Ibid*., pag. 80.
(6) Souciet, tom. 2, pag. 21.

cycle de 76 ans ou au *Pou*. On peut voir dans le père *Souciet* le but qu'on se proposa en imaginant ces divers cycles (1).

La période de 143,127 ans n'est qu'un multiple du cycle de 19 ans répété 7533 fois.

On suppose un moment appelé Chang-Yen (2), où commença cette immense période qui a fini l'an 104 de l'ère vulgaire : pendant cet intervalle la grande année de la précession a dû se renouveler 5 fois, plus 13327 ans sur la sixième année, ou une demi-révolution; c'est-à-dire, six signes plus 267 ans sur le septième signe, ce qui nous ramène nécessairement à la position que nous établissons comme la primitive pour le départ de la grande année, celle qui place le solstice d'été au Capricorne, et l'équinoxe de printemps à la Balance (3). Il s'ensuivrait de là que la grande période des fixes se serait déjà renouvelée 5 fois, et que nous toucherions à la fin du septième mois de la sixième grande année. Nous n'en tirons pas néanmoins cette conséquence, parceque cette période peut être fictive; mais l'accord qui règne entre l'excédant des cinq révolutions et le temps qui s'était écoulé depuis que le colure d'été avait quitté la position primitive, et entre la Chronologie de Pomponius Mela (4), qui remontait pour les Egyptiens à 13538 ans avant notre ère, et d'après laquelle nous expliquons les changemens d'Est et d'Ouest du Soleil durant cet espace, semble indiquer que ceux qui ont imaginé cette période fictive, connaissaient et la période ou le cycle de 19 ans, et le point initial de celle des fixes. Ceci au reste n'est qu'une simple conjecture pour ce qui concerne le point de départ des fixes; le hasard pourrait y être entré pour quelque chose.

Je ne me charge point ici d'examiner jusqu'à quel degré d'exactitude les Chinois ont pu arriver en imaginant ces diverses périodes, qui n'étaient que des multiples de celle de 19 ans, dont le plus ou moins de précision est bien connu; ce soin regarde les géomètres : je me borne à rapporter des faits, et à faire remarquer l'usage qu'on a fait à la Chine de la période de 19 ans, de celle de 76 ans, et de leurs multiples.

On sait que la période de 19 ans ramène les conjonctions et les oppositions du Soleil au même jour, à une heure et demie près, ou environ.

Ce cycle se composait de 235 lunaisons, dont 7 étaient intercalaires (5). Meton employa aussi les intercalations, pour rendre l'année fixe, de façon que les solstices revinssent aux mêmes jours (6).

La période chinoise de 4617 années solaires (7) est encore un multiple de

---

(1) Souciet, pag. 22.
(2) *Ibid.*, tom. 1, pag. 16.
(3) *Ibid.*
(4) Pomp. Mela, liv. 1, ch. 9.
(5) Souciet, pag. 47.
(6) Fréret, pag. 12.
(7) Souciet, tom. 2, pag. 13.

celle de 19 ans : elle se compose de 243 cycles de 19 ans; celle de 1539 ans est également le cycle de 19 ans répété 81 fois; celle de 4617 ans en est le triple.

On voit que ce cycle est la base de la plupart des périodes en usage chez les Chinois; ce qui prouve qu'il remonte à une haute antiquité, surtout quand on voit qu'il se rattache à l'année 2783 avant l'ère vulgaire, d'où part la période Sothiaque, qui s'est renouvelée en l'an 1322 (1) avant notre ère. On peut même soupçonner que les Chinois tenaient ce cycle des Egyptiens, à qui la période Sothiaque semble appartenir exclusivement, quoiqu'elle ne soit pas un multiple de la période de 19 ans, par la raison qu'elle est tout-à-fait solaire : la période de 19 ans répétée 77 fois, donne 1463 ans au lieu de 1461, qui est la durée de la période Sothiaque; c'est à peu près à cette ancienne époque que le lever de Sirius coïncidait avec le solstice d'été (2).

Le lever de *Sirius* fut observé 2550 ans avant notre ère, quatre jours après le solstice d'été, suivant Ptolémée, ce qui, pour la haute Egypte, dit Bailly (3), peut remonter à 2550 ans avant l'ère vulgaire : en tenant compte de la précession, le lever de *Sirius* a pu coïncider avec le commencement de la période sothiaque 2783 avant notre ère, et conséquemment avec le cycle de 76 ans observé constamment à la Chine.

[*x*] On y remarque aussi un jugement des morts, un mélange d'idées théologiques et astronomiques, et les diverses routes que suivent les ames après le jugement : les unes prennent la droite, côté affecté au bon principe et à la lumière; les autres la gauche, côté affecté au mauvais principe et aux ténèbres. On sait que dans les mystères de Mithra, on retraçait aussi les voyages des ames à travers les divers Cieux, comme nous l'avons fait remarquer dans notre grand Ouvrage (4) : les ames des bons passaient dans le Soleil, et celles des méchans n'arrivaient qu'à la Lune, comme on peut le voir dans les Oupnek'hats (5); aussi ces deux astres y sont-ils représentés chacun à leur place, comme dans le monument de Mithra, dans lequel on trouve aussi les cinq fioles ou vases symboliques dressés près des autels des planètes et de leurs sphères. Une chose qui prouve bien que l'ancienne Théologie était liée à la Physique et à l'Astronomie, c'est que toutes les erreurs physiques ont été consacrées par celle-là. On y parle de plusieurs Cieux, de Génies, d'Anges qui habitaient les divers Cieux, parcequ'on supposait autant de Cieux et de demeures célestes, que l'on comptait alors de planètes. On donnait une existence réelle et solide aux Cieux, tandis qu'il n'y a de réel que la Terre, le Soleil, la Lune, les Astres : le lieu que ces corps occupent

---

(1) Fréret, Déf. de la Chronol., pag. 12.

(2) Bailly, pag. 397.

(3) *Ibid.*, pag. 11.

(4) Origine des Cultes, tom. 2, part. 2, pag. 207, etc.

(5) Oupnek., tom. 2, pag. 69, 131, 132.

est le vide, cet espace est pour nous une illusion optique semblable à l'horizon, qui n'est autre chose que le terme de notre vue. Rien de moins réel que le Firmament, qui cependant est regardé comme quelque chose de réel dans toutes les Mythologies. Ghê existe; Uranus n'existe pas autrement que dans les corps appelés célestes; cependant on l'a fait quelquefois de cristal; on lui a supposé une mobilité incroyable, qui le faisait tourner en vingt-quatre heures autour de la Terre. Le vide ne tourne pas : Hésiode a bien pu dire que la Terre avait été formée, mais il n'a pas pu dire qu'elle avait donné naissance au Ciel; car ce qu'on appelle vulgairement *Ciel*, n'a rien de plus réel que l'espace, qui existait déjà, puisqu'il comprenait dans son sein le Chaos : d'ailleurs, tous ceux qui ont parlé du Ciel en ont toujours parlé non pas seulement comme de l'espace ou du vide, mais comme d'une chose très-réelle placée au-dessus des Astres. On disait de Jupiter et des autres Dieux ou Génies, qu'ils étaient dans le Ciel, dans une demeure heureuse et très-réelle, dont on osait faire la description; car on ne peint jamais rien plus hardiment que ce que personne n'a vu et ne peut voir, puisqu'alors on ne peut être démenti par personne. Le spectacle du monde visible est très-borné; la région des chimères, ou le monde des invisibles est sans bornes comme sans réalité : c'est l'imagination seule qui l'a créé; c'est une illusion dont le sage n'a pas besoin, mais qui servait merveilleusement les anciens Poëtes et les Théologiens mythologues.

[y] Geminus fixait le dépouillement des arbres au mois où le Soleil parcourait le Scorpion (1), à la fin d'octobre; alors c'étoit l'hiver qu'on voulait désigner.

Dans les temps les plus reculés, les Chinois comptaient les années par le changement de feuilles (2). On disait *après un changement de feuilles*. Cela se dit encore dans les petites îles Lieou-Kieou, situées entre le Japon et l'île Formose. On a compté par moissons. La division de l'année en signes supérieurs et inférieurs, printemps et automne, n'était pas inconnue aux Chinois. Ils ont un livre fort estimé, qui a pour titre, *le Printemps et l'Automne* (3). Ils peignent même l'année par un arbre dont les feuilles sont moitié blanches et moitié noires; ce qui exprime bien la division du temps de sa révolution entre les deux principes (4) : cette division se trouve partout (5).

Les noms de Tabestan et Zamestan donnés aux deux Moussons de l'Inde sont persans, et signifient *saison de la chaleur* et *saison du froid* (6). Anquetil s'en sert dans sa traduction des Oupnek'hats.

---

(1) Gemin., ch. 16, pag. 36. Uranol. Pétav., tom. 3.
(2) Chou-King, disc. prél., pag. 67.
(3) Souciet, tom. 1, pag. 2.
(4) Alphab. Tibet., pag. 142.
(5) Origine des Cultes, tom. 1, liv. 2, ch. 25, pag. 233.
(6) Zend. Avest., tom. 3, pag. 498.

Le monument de Serapis ou du Soleil entortillé dans les plis d'un Serpent, donne la même position des signes équinoxiaux et solsticiaux.

Cette distinction des points cardinaux fixés par l'intersection des colures, ou plutôt les colures eux-mêmes qui partagent, par ces points, en quatre le Zodiaque et l'année en saisons, de trois mois en trois mois, ont été représentés chez les Chinois par quatre fleuves, qui partent de la Fontaine Jaune, ou du Zodiaque appelé le *Chemin Jaune* par les Chinois (1). Chacun de ces fleuves est distingué par la couleur analogue à la saison, comme les saisons l'étaient aussi par des couleurs différentes dans l'année des Mexicains, et dans les douze pierres qui composaient la couronne de Junon (2), et les vêtemens des conducteurs de chars aux jeux du Cirque, pour représenter la teinte des quatre élémens et des saisons (3).

On trouve également soit les quatre saisons, soit les quatre parties du jour représentées par quatre figures chez les Tibetans dans le temple de Lhassa (4). Ce sont quatre figures de teinte différente ; l'une a le visage blanc, l'autre rouge, la troisième jaune, et la quatrième noirâtre. On dit que ce sont quatre rois indiens que *Xaca* convertit à sa religion. C'est ainsi que partout on fait des contes pour expliquer ce qu'on n'entend pas.

Les Chinois nomment aussi l'eau rouge ou l'eau du fleuve rouge, et l'eau jaune ; mais ce qu'il y a de plus remarquable, c'est que le quatrième fleuve, à compter du solstice d'été, et qui répondait à l'équinoxe de printemps ou à *Aries*, s'appelle l'*eau de l'Agneau*. Or on sait que quelques peuples, tels que les Perses, appelaient le Bélier, signe céleste, l'*Agneau* (5). C'est le signe du Varé (6). « Lorsque le Kordeh du Cancer arrive, ce sont les plus grands jours ». C'est ce qu'ailleurs on désigne sous le nom d'un fleuve, dont le nom signifie *plénitude*. C'est ce que les Chinois appellent la fontaine la plus élevée et la plus abondante, et qu'ils font couler entre le Nord et l'Est, qui dans notre Tableau est le point solsticial d'été, ou le point par où le colure sépare la partie appelée dans notre Tableau, *Nord*, ou les trois mois de printemps de la partie appelée *Est*, ou les trois mois d'été.

C'est à cette époque du solstice d'été que la Cosmogonie des Perses ou le Boundesh (7) suppose que Taschter, ou l'astre gardien de l'Est, fait couler l'eau dans le neuvième kordeh, qui dans notre Tableau est *Avré*, et répond aux serres de l'Ecrevisse, constellation qui occupait le solstice d'été, quand l'Agneau répondait à l'équinoxe de printemps.

---

(1) Mém. sur les Chin., mission de Pékin, tom. 1, pag. 106, 108.
(2) *Martian Capell.*, *de Nup. Phil.*, liv. 1, ch. 4 et 5
(3) Isidor., Orig., liv. 18, ch. 30.
(4) Géorg., pag. 408.
(5) Origine des Cultes, tom. 3, pag. 21 et 315.
(6) Zend. Avest., tom. 3, pag. 357.
(7) *Ibid.*, pag. 358.

R

Le même auteur qui désigne le colure d'été opposé à celui des courts jours, sous le nom de plénitude, désigne celui d'hiver par un fleuve dont le nom au contraire signifie, dit-il, *étroit* et *rapide*, allusion manifeste au peu de durée et à la fuite rapide du jour au solstice d'hiver. C'est là que les Indiens placent la métamorphose de Vichnou en petit nain ; c'est entre le Midi et l'Occident que les Chinois font couler ce troisième fleuve ou l'eau jaune, c'est-à-dire par ce point où le colure d'hiver sépare la partie de l'horizon appelée Midi, de celle appelée Nord sur le cercle intérieur de notre Tableau, ou sur celui qui représente l'orbite de la Terre, divisée en quatre parties par l'image de la Terre et de l'orbite de la Lune, lesquelles parties sont sous-divisées par des points qui marquent les mois de chaque saison.

C'est entre l'Est et le Midi, ou entre la partie des mois d'été et celle des mois d'automne, autrement par l'équinoxe d'automne qu'il fait couler l'eau rouge. Alors les faisceaux de la grande lumière d'été s'affaiblissent ; c'est ce que l'auteur, qui avait désigné le solstice d'été par la plénitude, et celui d'hiver par un canal étroit, désigne par un fleuve, dont le nom signifie *affaiblissement* ou *dispersion*.

Enfin le quatrième fleuve, que la Cosmogonie chinoise fait partir de l'Agneau, ou qu'elle appelle *fleuve de l'Agneau*, coule entre l'Occident et le Nord, c'est-à-dire par le point où le colure coupe le Zodiaque sous le signe d'Aries, et sépare la partie appelée Ouest, ou les trois mois d'hiver, dans notre Tableau, de celle appelée Nord ou des trois mois de printemps qui commençaient à Aries, ou sous l'Agneau équinoxial. L'Auteur dont nous avons parlé le met à l'Orient, parceque c'est là que paraissait le premier jour du printemps au lever du Soleil (1), le fameux Agneau, ou Hammon, adoré sur les bords du Nil. Ce fleuve de l'Agneau est aussi un fleuve allégorique, appelé *Moundi Agni* chez les Indiens (2).

Les Perses qui désignent le solstice d'été par la longue durée des jours et par le signe céleste sous lequel ce phénomène arrive, disent que sous le kordeh de la Balance les jours sont égaux aux nuits ; c'est le commencement de l'automne (3) : que lorsque c'est le kordeh du Capricorne qui arrive, ce sont les longues nuits et le commencement de l'hiver ; et enfin à la quatrième division du temps ou de l'année, ils placent l'Agneau, comme les Chinois appellent le fleuve ou le colure qui fixe le commencement de la saison, *le Fleuve de l'Agneau*. Lorsque l'Agneau reparaît, disent les Perses, les jours sont égaux aux nuits de nouveau.

Voilà donc des idées communes aux Cosmogonies des Perses et des Chinois, et à beaucoup d'autres.

Ce n'est donc point sur la terre, comme à tort nous l'avons fait ailleurs, qu'il faut chercher ces fleuves allégoriques, non plus que les quatre montagnes de la Cosmogonie des Lamas. Le lieu que nous peignent les auteurs de ces fictions

---

(1) Origine des Cultes, tom. 3, pag. 261.

(2) *Ezourved.*, liv. 2, ch. 4, pag. 259.

(3) Zend. Avest., tom. 3, pag. 357.

cosmogòniques , c'est le monde (1) soumis à l'empire des deux Principes, caractérisés par deux Princes, dont l'un siégeait sur la montagne de Vie , et l'autre sur la montagne de Mort (2). Ce dernier était représenté avec les attributs d'Ophinchus, qui est placé aux cieux sur le point qui sépare le printemps et l'été de l'automne et de l'hiver , ou l'empire d'Ormusd de celui d'Ahriman ; c'est le Scorpion du monument Mithriaque ; c'est le Temps ou le Chrone des Orphiques (3) , qui ôte au Ciel ou à Uranus la force féconde qui s'était développée dans le printemps et dans l'été; et qui , déposée dans les eaux, donne, au printemps suivant, naissance à la belle Vénus, ou à la déesse de la Vie et de la Génération.

La vie est versée sur la terre par le cercle appelé *Zodiaque*, dans lequel circulent tous les instrumens du Temps et de la Fatalité. Aussi le désignent-ils ici sous le nom d'une fontaine élevée qui donne l'eau de l'immortalité , et qui se divise en quatre fleuves ou quatre canaux (4).

La Cosmogonie des Lamas, qui parle aussi de ces quatre fleuves allégoriques (5), ne laisse aucun doute sur leurs rapports avec la sphère et avec les images célestes par où passaient autrefois les colures , lorsque le solstice d'été répondait au Lion, et l'équinoxe de printemps au Bœuf ou au Taureau. Elle donne à un de ces fleuves la tête de Lion ; à l'autre celle de Bœuf ; à un autre celle du Cheval ou du Pégase placé alors sur le solstice d'hiver ; le dernier à la forme d'éléphant, animal que l'on trouve dans les sphères orientales en aspect d'opposition avec l'équinoxe d'automne (6). Dans d'autres Cosmogonies , on retrouve encore quatre animaux pour désigner les colures ; les deux premiers sont les mêmes qu'ici (7), le troisième est le Verseau, au lieu qu'ici c'est le Pégase placé sur le Verseau, d'où il fait jaillir l'eau de son pied.

Le nom du premier de ces fleuves est le Gangi ou le Gange. Les Indiens le regardent comme le premier des fleuves (8). L'auteur cité plus haut le nomme aussi *Gange*, et il traduit ce nom par *Plénitude*, expression dont nous avons expliqué le sens allégorique et les rapports avec les longs jours. Chacun de ces fleuves répond à un des quatre points cardinaux de la sphère, comme les colures et comme les quatre grands astres de la Cosmogonie des Perses, établis pour surveiller les quatre coins du monde (9) ; car la direction de ces fleuves est indiquée dans les Cosmogonies de la Chine et du Tibet.

Le second se nomme *Sinthu*, le troisième *Pakiù* , et le quatrième *Sita*. L'un regarde le Nord , ou le point du Zodiaque le plus près de notre pôle, au solstice

---

(1) Alphab. Tibet , pag. 31.
(2) Mém. sur les Chin. , tom. 1, pag. 106—108.
(3) *Athenag.* , pag. 18.
(4) Mém. sur les Chin. , pag. 106.
(5) Alphab. Tibet , pag. 186.
(6) Origin. des Cultes, tom. 3, part. 2, pag. 226.
(7) *Ibid.* , part. 1 , pag. 234.
(8) Bhaguat-Geta, pag. 98.
(9) Zend. Avest. Boundesh, tom. 3, pag. 349. Clém. Alex. Strom. , liv. 5, pag. 363.

d'été alors occupé par le Lion : on donne à celui-là une tête de Lion. Un autre regarde le Midi ; on lui donne la tête de Bœuf. Le quatrième regarde l'Orient ; c'est celui qui a la tête d'Eléphant. Celui qui regarde le Couchant, ou le troisième, a la tête de Cheval.

Un des astres surveillans dans la Cosmogonie des Perses, Tachter, a un corps de Taureau et des cornes d'or (1) ; tantôt il s'unit au corps du Cheval.

Les observations faites sous Yao, à l'Est, à l'Ouest, au Midi et au Nord, suivant la saison, font passer aussi les colures par *Mao*, où est le Bœuf ; par *Sing*, ou par le Lion ; par *Hiu*, ou par le Verseau sur lequel est le Cheval ; et par *Sang* ou le Scorpion, en aspect duquel la sphère indienne marque l'Eléphant sous le troisième decan du Taureau, opposé au Scorpion (2). Ils affectent l'Est au printemps, et ils font commencer le printemps au solstice d'hiver ; c'est le premier temps de leur année (3) : ce sont les trois premières Lunes.

Les Indiens supposent aussi qu'au milieu de la terre est la plus grande de toutes les montagnes ; c'est le mont *Merou*, duquel quatre fleuves tirent leur source (4). L'un se nomme *Brommoza*, un autre *Bodra*, un autre *Ganga*. Le premier coule au Nord ; le Ganga au Midi, etc. C'est près de là qu'est planté le fameux arbre *Paranagiadika* (5).

On remarque ici que d'un côté on établit des directions qui semblent nous conduire à chercher les cercles qui passent aux quatre points cardinaux, et que d'un autre côté on cherche à donner le change en nommant des fleuves réellement existans et bien connus. Ces quatre directions nous sont également indiquées par les quatre routes que prennent Brammon, Cuttery, Shudderi et Wise, pour aller peupler le monde (6).

Les Bonzes de Fo ont aussi leur mont *Soumi* ou *Sumi*, le même que d'Herbelot appelle *Someirha*, d'où partent quatre grands fleuves. Le fleuve de Safran, Hoang-Ho en est un (7).

On trouve, sous une autre forme, la fiction des quatre fleuves dans la description de l'univers imaginée par les Brahmes (8). Un ruisseau, sorti du mont *Merou*, arrose la ville de Brahma, et coule par ses quatre portes (9) en forme de quatre fleuves nommés *Sadalam*, *Sadassou*, *Patram* et *Alaguey*. Un de ces fleuves s'élevant en l'air, lave le pied de Vichnou.

---

(1) Zend. Avest., tom. 1, pag. 419; tom. 2, pag. 190. Souciet, tom. 2 ; pag. 185.

(2) Origine des Cultes, tom. 3, part. 2, pag. 226.

(3) Souciet, tom. 2, pag. 157.

(4) Ezour-Ved., tom. 1, pag. 191.

(5) Syst. des Brahm. Barthov., pag. 291, etc.

(6) Henry Lord, ch. 2—6.

(7) Souciet, tom. 2, pag. 120.

(8) Bagawad, liv. 5, pag. 137.

(9) Les Cabalistes donnent le nom de *portes* aux quatre points cardinaux de la sphère. On appelait aussi les deux constellations solsticiales, Cancer et Copricorne, par où passait le colure solstical, *les Portes du Soleil*.

Pour entendre cette fiction, et appercevoir les rapports qu'elle a avec les colures, il est bon de savoir que les Indiens appellent *Pied de Vichnou* (1), les étoiles de la constellation de l'Aigle, placée sur le Capricorne, et par laquelle passait le colure des solstices, en s'élevant du Capricorne vers le Cancer ; ce qui prouve que cette fiction ne remonte pas plus haut que l'époque à laquelle *Aries* ou l'Agneau répondait à l'équinoxe de printemps, et où le colure s'appelait, chez les Chinois, *fleuve de l'Agneau*. Manilius, décrivant la position des colures (2), dit que le colure des solstices, c'est ici un des quatre fleuves, celui qui lave le pied de Vichnou, se dirige vers le Capricorne ; et que, parvenu aux étoiles de ce signe, il fixe celles de l'Aigle, ou en style indien, celles du pied de Vichnou ; qu'ensuite il remonte vers la Lyre, le nœud du Dragon, les pattes de la Petite-Ourse, et sa queue, et se rejoint à lui-même près du pôle, d'où Manilius l'avait fait descendre par l'intervalle qui sépare les Gémeaux du Cancer, etc., par le Chien, le gouvernail du vaisseau, jusqu'au pôle invisible, pour remonter ensuite, en se dirigeant vers l'Aigle, etc. Voilà pourquoi l'auteur indien dit que ce colure, allégoriquement ce fleuve, en remontant ou s'élevant en l'air, va laver le pied de Vichnou.

On dit de la ville de Brahma, ou de Brahma-Patna, que le ruisseau, source des quatre fleuves, arrose, est tout éclatante d'or ; ce qui désigne bien la sphère éthérée. Si l'on place le colure des solstices, ou la branche de l'aiguille mobile, marquée *SH* sur le Capricorne, on verra qu'elle passe par le vingt-deuxième Natchtron, qui, dans notre Tableau, a pour emblême *le pied de Vichnou*. Il ne peut donc pas rester de doute sur notre explication, ni sur la position du colure, à l'époque où fut faite cette fable. Nous réservons pour nos Cosmogonies les explications des autres traits de ces anciennes allégories.

On trouve dans le père Kirker (3) un tableau systématique des quatre fleuves avec le nom des Anges qui y président, des quatre saisons qu'ils représentent et des quatre points cardinaux auxquels ils répondent. Ces quatre Anges sont les quatre grands astres ou génies surveillans de la Cosmogonie des Perses, dont les Cabalistes ont emprunté beaucoup de choses ; ce sont eux qui disposent des quatre vents qui partent des quatre points de l'horizon. Leurs noms sont : *Mahaziël*, *Aziël*, *Samaël*, *Azazel ;* et ceux des fleuves, l'*Euphrate*, le *Phison*, le *Géon*, et le *Tigre*.

Dans le Boundesh (4), on voit aussi des fleuves qui coulent, l'un vers l'Est, l'autre vers l'Ouest, et qui partent du trône d'Ormusd, ou du Dieu principe de lumière et de bien.

On trouve la même division du temps en quatre parties, par les colures qui distinguent les limites des saisons, et celle des quatre parties du jour, exprimées par un autre emblême chez les Tibetans. Les Lamas ont imaginé dans leur Cosmogonie une grande colonne quarrée, autour de laquelle tourne le Soleil, comme

(1) Trad. des Rech. Asiat., tom. 2, pag. 336.
(2) Manil., liv. 1, v. 605.
(3) Œdip., tom. 3, pag. 38, et tom. 2, pag. 331.
(4) Anquet., Zend Avest., tom. 3, pag. 361.

il semble tourner autour de l'axe du monde, qui aboutit aux deux pôles. On donne quatre faces à cette colonne (1) ; l'une est d'argent , l'autre de bleu céleste ; la troisième d'or ; et la quatrième rouge. Nous avons déjà vu des fleuves , rouges , jaunes chez les Chinois , dans l'allégorie des saisons, et chez les Mexicains également, des couleurs différentes pour chaque saison ; le bleu , le rouge y sont aussi.

On range autour de la colonne quatre grandes terres, qui représentent les quatre points cardinaux de l'horizon , et deux îles entre chacun de ces points, ce qui fait en tout douze ; c'est-à-dire la division duodécimale de l'horizon en vents cardinaux et vents intermédiaires , telle qu'on la trouve chez les Cabalistes et dans Joachides (2). *Comment in Jezirah.*

La même idée cosmogonique est aussi exprimée chez eux par la fiction du mont Righiel , auquel on suppose quatre faces : la partie orientale est composée d'atomes de cristal ; le côté méridional est de Pemà ; le côté du couchant , de Bedeharia ; et celui du nord est formé d'or. On remarquera ici que l'or répond au solstice d'été , ou au tropique le plus voisin du Nord ; c'est le domicile du Soleil, à qui l'or était consacré, et où l'on a placé dans d'autres Cosmogonies le Gange, ou le Gangi , suivant les Lamas qui donnent au fleuve du Nord, la tete du Lion, domicile du Soleil.

A la partie australe de cette montagne est l'arbre *Zampah* appelé par les Indiens *Giamum* , près duquel sont quatre rochers qui font jaillir les quatre fontaines sacrées ou les quatre fleuves dont nous avons parlé plus haut , et qui ont les formes astronomiques du Lion, du Bœuf , etc. (3).

Les Brahmes, ainsi que les Lamas, disent que quand le Soleil approche de la partie antérieure du mont Someru ou Righiel , le Soleil se lève pour les peuples qui sont de ce côté, et qu'il se couche pour eux quand il se retire dans la partie postérieure pour en éclairer d'autres ; ce qui est vrai, dans l'année, si le mont Righiel est l'équateur ; car suivant que le Soleil passe d'un côté ou de l'autre de ce cercle, il éclaire ou le pôle élevé, ou le pôle abaissé. Si c'est l'horizon qui divise la terre en moitié supérieure , et moitié inférieure, ou en deux hémisphères, la chose peut également s'entendre : quoi qu'il en soit, il ne s'agit point réellement d'une montagne, mais d'un cercle de la sphère ou de l'axe désigné par cet emblème et alors on peut conjecturer que les terres, les îles, les rochers et les fleuves qui appartiennent à cette description, appartiennent aussi à la sphère. On trouvera dans le Bagawadans (4) et dans l'Ezourvedam (5) , ces descriptions allégoriques du monde, dont nous réservons l'explication pour nos Cosmogonies.

Les Siamois supposent aussi que la terre est quarrée (6) et que la voûte du

---

(1) Voyag de Pallas , tom. 1., pag. 531.
(2) Kirker, Œdip., tom. 3 , pag. 118.
(3) Alphab. Tibet , pag. 191.
(4) Bagawad , liv. 5, pag. 123 , etc.
(5) Ezourved., liv. 1 , ch. 6, et liv. 2, ch. 2 , etc.
(6) La Loubère , Voyag. de Siam , tom. 1 , pag. 251.

ciel porte dessus par ses extrémités ; ils la divisent en quatre parties ou mondes, au milieu desquels s'élève une très-haute montagne pyramidale à quatre faces égales. Le Soleil, la Lune et les Etoiles tournent sans cesse autour de cette montagne ; ce qui fait selon eux, le jour et la nuit. Son sommet touche aux Etoiles. Il y a beaucoup d'apparence que cette montagne est le pôle; les quatre faces, *Orient*, *Occident*, *Nord* et *Midi*. Au-dessus de cette montagne est un ciel qui est surmonté par le Ciel des Anges.

On voit dans l'Inde la Pagode de Kodereté (1) : c'est une pyramide tronquée par le haut, dont la base peut avoir soixante pieds de diamètre. Cette pyramide est comme partagée en deux par quatre couleuvres capelles, dont les têtes répondent aux quatre angles; les quatre faces d'en bas représentent des éléphans : on remarque dans notre Tableau que ces deux animaux sont les attributs des deuxième et quatrième natchtrons, Barani et Rohini, auxquels a répondu successivement l'Equinoxe du printemps; aux quatre coins sont placées en regard avec les quatre points cardinaux, quatre femmes : à l'Est on voit Lakhschimi; au Sud, Boani femme de Rondr, destructeur; au Nord, Comoradivi, fille de Brahma, créateur; et à l'Ouest, Natjogui. On remarque sur notre cercle, que le Sud appartient à l'automne, où commence la destruction, et le Nord au printemps, où commence la régénération ou la création périodique. Toutes ces faces sont surmontées de la tête de Narsinga, Dieu à tête de lion, attribut qu'il empruntait du domicile du Soleil, alors au solstice d'été et au haut du Ciel. Nous devons voir par tout ce que nous venons de dire, combien les anciens, et surtout les Orientaux, ont pris soin d'observer et de caractériser par des emblèmes et par différens monumens, les quatre points cardinaux de l'horizon et ceux du Zodiaque, où commençaient les saisons : les quatre animaux, qui paroissent dans les processions égyptiennes, avaient aussi ce but (2). On marqua de même par des animaux les quatre années de la petite période, qui, répétée 365 fois un quart, composait la grande période égyptienne de 1461 années, appelée *Période Sothiaque* (3) : ces animaux sont le lion, le bœuf, que nous avons vu caractériser des fleuves chez les Lamas.

Les Chinois désignent l'Orient par le nom de *Vallée lumineuse :* le Couchant par celui de *Vallée obscure ;* le Nord par celui de la *Cour des ténèbres ;* et le Midi par celui de *Lieu destiné aux sacrifices :* telles étoient les bornes de l'Empire de *Chinnong.* C'est à ces quatre extrémités qu'Iao place ses astronomes pour observer les Equinoxes et les Solstices (4). L'exactitude de ces observations, et leur accord avec le commencement du cycle de 60 ans sous Iao, ne permettent pas de douter qu'elles n'aient été faites et qu'elles ne soient une époque incontestable que la Chronologie et l'Astronomie ont fixée.

---

(1) Anquetil., Zend. Avest., tom. 1, pag. 197.
(2) Clem. Stromat., liv. 5, pag. 567.
(3) Kirker, Œdip., tom. 2, part., pag. 250.
(4) Chou-King, Disc. prélim., pag. 122.

[z] L'auteur de la Chronique d'Alexandrie (1) dit qu'à l'époque de la construction de la tour d'observation des Babyloniens, qu'il appelle *Tour du Soleil* ou *Babel*, Andubaris Indien devint fameux en Astronomie, et qu'il enseigna cette science aux Indiens. Je cite cette tradition sans en garantir l'authenticité.

[aa] La preuve qu'il y avait eu une période avant 1322, c'est que l'on date de la 700ᵐᵉ du cycle Sothiaque, pour fixer l'époque du règne de Concharis (2), ce qu'on n'eût pas fait, si déjà 761 ans avant le renouvellement de 1322, la période Sothiaque n'eût pas été employée pour les dates chronologiques. Clément d'Alexandrie (3) date aussi de la période Sothiaque antérieure au renouvellement dont nous venons de parler.

[bb] M. Bernard (4) avait déjà dit que les prêtres Egyptiens faisaient la précession de 50″ 9‴ ¼ par année.

Albategnius (5) attribue aux Chaldéens une année astrale de 365 jours 6ʰ 11‴; ce qui prouve, dit Bailly (6), qu'ils avaient une connaissance précise de l'année. L'ignorance de Ptolémée en cette matière, comme en beaucoup d'autres, ne prouve rien contre la science ancienne de l'Orient, pas plus que celle d'Hérodote et sa crédulité ne prouvent en fait d'érudition : une critique éclairée doit nous guider quand nous suivons leurs autorités, qui, pour quelques hommes, sont aussi respectables encore aujourd'hui que l'était autrefois celle d'Aristote dans les écoles.

[cc] Diodore de Sicile fixe l'époque de la construction des Pyramides à 3400 ans environ avant notre ère. Un manuscrit arabe (7) la place 80 ans plus loin, ou vers l'an 3482, ou à 3094 avant l'époque à laquelle le colure de l'Equinoxe du printemps coïncidait avec l'étoile γ du Bélier, ou avec le premier degré du cercle gradué sur lequel nous marquons par des lignes nos époques. Si nous divisons ce nombre par 72, nous aurons 43°, qui est le degré par lequel passait le colure équinoxial à l'époque de cette construction. On abrégera l'opération, en employant le quart de cercle mobile divisé en 65 siècles, et en plaçant son point zéro, ou l'aiguille mobile *E P* sur l'étoile de la corne du Bélier, et en marquant sur le cercle le lieu où répond 3100 ans ou le trente-unième siècle. La ligne tracée par ce point sera une portion du colure cherché, et passera à la naissance des cornes du Taureau, environ 3° ¾ au-dessus de l'Observation d'Aldebaran par Hermès, et environ 140 ans après l'époque donnée par la Chronologie des Perses. Alors le Taureau était au point équinoxial de printemps, comme

(1) *Chronic. Pascal.*, pag. 85.
(2) Syncelle, pag. 103.
(3) Stromat., liv. 1, pag. 335.
(4) Transact. Philos., n° 158. Abrég., tom. 1, pag. 252.
(5) Albateg. de Scien. Stellar., ch. 27.
(6) Astr. anc., pag. 403.
(7) Notices des Manuscr., tom. 2, pag. 458.

on le voit dans le monument de Mithra, et au haut de presque tous les anciens
obélisques, où il est surmonté de l'Accipiter, par lequel on désignait cet équinoxe,
comme nous l'avons dit dans notre explication du monument de Dendra (1).

Si le Zodiaque d'Esné, d'après les calculs de M. Nonet, et d'après la position
des colures, remonte à 4700 ou 4600 ans au moins avant notre ère, il s'ensuit
que les pyramides d'Egypte n'ont été bâties que 1100 ou 1200 ans après le
temple d'Esné, qui a été construit lorsque les Gémeaux étaient encore au point
équinoxial de printemps, comme ils y sont dans le Zodiaque indien des Transactions Philosophiques, dont inutilement M. Testa veut diminuer l'autorité.

[dd] Cette origine astronomique a déjà été reconnue par le père Paulin ;
mais nous allons la mettre dans tout son jour ici, de manière à ce qu'il ne
puisse rester le moindre doute.

[ee] Les Indiens commencent leur semaine par le vendredi ou par le jour de
Vénus ; c'est celui du Calendrier chinois qui répond au premier natchtron indien,
comme on le voit dans notre tableau.

Ces noms sont : *Soucra-Varam*, jour de Vénus.

Sany-Varam, jour de Saturne.

Aditta-Varam, jour du Soleil.

Soma-Varam, jour de la Lune.

Mangala-Varam, jour de Mars.

Bouta-Varam, jour de Mercure.

Brahaspati-Varam, jour de Jupiter (2).

C'est par le jour du Soleil, l'Apollon hebdomagetès, ou chef de l'harmonie planétaire, que commencent les Chinois. Il en est de même des Siamois, qui commencent aussi leur semaine par le jour du Soleil (3) :

Wan-Aliz ou *Wan-Athis*, jour du soleil.

Wan-Tsan ou *Wan-Tchan*.

Wan-Ankaen.

Wan-Boeth.

Wan-Prahat.

Wan-Sock.

Wan-Sauv.

On voit que ces noms ne sont que des prononciations altérées des noms de Mars,
Angora et Aukaan ; Bouta, Mercure ; Brashpati ou Prahat, Jupiter ; Soucra, Vénus ;
et Sany, et Saou, Saturne (4).

---

(1) Observ. sur le Zod. de Dend., pag. 6. Clém. Alex. Strom., liv. 5, pag. 567.
(2) Le Gentil, Voy. de l'Inde, tom. 1, pag. 233.
(3) Kempfer, tom. 1, liv. 1, ch. 2, pag. 36. La Loubère, tom. 2, pag. 74, et tom. 1, Voy. de
Siam, pag. 1, ch. 8, pag. 64.
(4) Origine des Cultes, tom. 3, part. 2, pag. 359.

S

« Dans la semaine, chez les Allemands comme chez beaucoup d'autres nations,
c'est aussi le Soleil, appelé autrefois Seigneur, *Dominus sol*, qui ouvre la
marche.

On dit, *Sonn-Tag*, jour du Soleil.

Moon-Tag, jour de la Lune.

En anglais, c'est *Sun-Day.*

Mon-Day.

Sun est le nom du Soleil, et *Moon* celui de la Lune.

Ni les Perses, ni les Grecs, ni les Romains, comme nous l'avons déjà observé,
ne connaissaient point cette division hebdomadaire, ni ces dénominations planétaires, qui tiennent à l'ancien culte des astres et à la science astrologique.

[*ff*] On appelait le Zodiaque *Rota signorum* (1).

Les Mexicains avaient un cycle de 52 ans exprimé aussi par une roue (2) : c'était
l'emblème des révolutions. Le mot cycle même vient de cercle.

Chez les peuples du Nord, on mettait une roue dans les mains du dieu des Cycles
et du Temps (3). Dans les fastes Runniques, la roue marque souvent le commencement de l'année.

On trouve aussi l'emblème de la roue dans *Alescha* ou dans le neuvième natchtron
indien où arrivait le solstice d'été, à l'époque indiquée par le Souria-Sidantha. Là
était Régulus, appelé par les Chaldéens, *chef des mouvemens célestes.*

L'axe de cette roue était l'axe du monde, et le pôle sur lequel cet axe s'appuyait
et que l'on désignait par une montagne, était le mont Merou chez les Indiens (4),
le mont Atlas chez les Grecs, le mont Righiel au Tibet. C'est aussi l'Albordi des
Perses, chez qui ce mot désigne tantôt le Pôle, tantôt le Zodiaque et ses signes.
Les Grecs eux-mêmes ont donné le nom de *Polos*, et les Latins de *Polus*, à la
circonférence du ciel qui semble emporter les astres dans son cours (5). Les Manichéens en ont fait leur Omophore, et ont donné aux six *ritous* ou saisons de deux
mois, le nom de *splenditenens* à six faces (6).

C'est cet Omophore, qui porte le dieu Soleil enfant et tout le Zodiaque, que l'on
voit représenté à Aquilée au centre d'un planisphère, dont M. Faujas a tiré copie.

C'est du Zodiaque que les anciens faisaient découler les principes de la vie que le
Soleil et la Lune, dépositaire de l'eau de vie, suivant les Indiens, communiquaient
à la nature sublunaire. Aussi le mont Merou, ou l'axe autour duquel tourne le
Zodiaque, joue-t-il un rôle dans la fable indienne sur l'Amrtan ou Breuvage
d'immortalité. Les dieux et les géans réunis le firent tourner à l'aide d'un grand serpent,
emblème soit du serpent du pôle, soit du Zodiaque. Les uns prenant ce

(1) Origine des Cultes, tom. 3, part. 2, pag. 14.

(2) Hist. des Voy., tom. 48, pag. 15.

(3) Olaüs Rudb., tom. 1, ch. 2, pag. 698.

(4) Rech. Asiat., tom. 1, pag. 278.

(5) *Ammian-Marcell.*, liv. 26, ch. 1. *Varr.*, *de Ling. lat.*, liv. 6. *Virg.*, *Æneid.*, liv. 1.

(6) Beausobr., hist. du Manich.

serpent par la tête et les autres par la queue, imprimèrent au mont Meron le mouvement de rotation qui fit jaillir l'eau de vie. C'est sur le mont Meron qu'était planté l'arbre mystérieux de leur Cosmogonie (1).

Les Grecs et les Phéniciens le représentèrent comme un grand géant changé en montagne, sous le nom d'*Atlas*, et chargé de soutenir aux extrémités de l'univers le fardeau du monde.

[*gg*] Parmi les idoles des Scandinadives, on en voit une qui a la couronne sur la tête, à la main gauche une enseigne militaire, et à la main droite un bouclier semé d'yeux (2). Est-ce le Mars des Scandinaves et le dieu qui présidait au Bélier, domicile de Mars, et près de la queue duquel sont les Pléiades?

Leur dieu *Thor* a deux flèches à sa main gauche, et sur son bouclier est le nom d'*Io* (3) ou de la *Lune*, qui a son exaltation au Taureau céleste. On peut voir dans notre Ouvrage (4) quels sont les rapports de cette divinité avec le Taureau céleste qui prête ses formes à la Lune équinoxiale, Io.

[*hh*] Le Calendrier des Pontifes romains était réglé sur des couchers d'étoiles, et conséquemment lié à la marche du Soleil dans le Zodiaque. Mais les Indiens (5) règlent en général leurs fêtes sur l'année lunaire, et leur assignent souvent des heures nocturnes, sans doute pour fixer l'entrée de la Lune dans telle ou telle maison. Néanmoins ils font souvent dans ces fêtes des cérémonies relatives au lieu qu'occupe alors le Soleil dans le Zodiaque.

[*ii*] On joint ordinairement au nom de la fête la date du jour où elle commence, et souvent aussi le nombre des jours de sa durée, tels que *chaoti*, le quatrième; *noumi*, le neuvième, etc. Ainsi au mois *Pretachi* on célèbre, quatre jours après la nouvelle Lune, la fête de Pollear, et on l'appelle fête de *Pollear-Chaoti*. C'est le jour de sa naissance. On a chez soi un Pollear en terre cuite; c'est une espèce de Dieu Lare. On met un rat devant sa chapelle.

Au cinquième jour de la Lune, fête de Richi pan jemi; ce dernier mot signifie *cinquième*. Elle se célébrait au huitième hatchtron, qui a pour symbole la tête d'ours. Or on appelait les étoiles de l'Ourse les sept *Richis*, rikha signifiant *ourse* et *constellation* (6).

De même, au mois Arpichi, le lendemain de la nouvelle Lune, on célèbre la fête de Mahar-Naomi, qui dure neuf jours; naomi signifie *neuvième*. On remarquera

---

(1) Syst. des Brahm. Barth., pag. 286—294.
(2) Olaüs Rudbek., tom. 1, ch. 32, § 4.
(3) *Ibid.*, tom. 1, ch. 19, § 3, pag. 710.
(4) Orig. des Cult., tom. 2, pag. 118.
(5) Sonnerat, tom. 2, ch. 5, pag. 55.
(6) Rech. Asiat., tom. 2, pag. 443.

que beaucoup de noms, surtout ceux des nombres ; dans cette langue, ont la plus grande ressemblance avec les noms latins ; tels decemi, tredechi, etc.

Herbé signifie herbe ; *danam*, don ; *vera*, un porc (1), etc.

[*kk*] Les Juifs promenaient sept fois la vache rousse.

[*ll*] Ce mois est le mois Azar, où ceux de Guzaratte et de Scindi commencent leur année civile (2).

Les Indiens représentent Parvadi couronnée de tours comme Cybèle (3). Ils l'honorent spécialement sous le nom de *mère*, et la regardent comme la divinité tutélaire de la terre.

[*mm*] C'est dans le mois Cartiguey ou à la pleine Lune des Pléiades que ceux de Bombay célèbrent leur nouvel an (4).

A la pleine Lune du mois Tchitterè, laquelle arrivait vers l'équinoxe d'automne, autrefois dans les étoiles de la Balance, on fête Citrà–Poutrin, écrivain d'Yamen, le Minos des Indiens et leur Pluton : c'est lui qui tient registre des vertus et des crimes (5).

Dans le mois Vayassi, à la veille de la nouvelle Lune, on célèbre la fête de Narsinga–Ienti, qui dure neuf jours. C'est à pareil jour que Vichnou se métamorphose en lion pour tuer le géant Ereïnen. Cette néoménie est fixée le soir par le passage du Lion céleste au méridien ; les trois derniers jours de la fête, la Lune se trouvait dans le Lion.

Elle entrait dès le sixième jour dans l'ancien signe solsticial *Alescha*, ou dans le neuvième natchtron, appelé aussi *Ahilia* et *Arislion*. Ahilia en pelhvi (6), et Arish en hébreu (7), est le nom du Lion. Il porta aussi le nom d'*Asit*, dont les Cabalistes ont fait leur ange Ariël.

A la pleine Lune, on fait des prières pour les morts. La Lune est alors pleine dans les signes inférieurs où l'on plaçait le domaine du dieu des ténèbres et l'empire des morts.

Par la même raison, le mois suivant, tant à la pleine Lune qu'à la nouvelle, on faisait encore des prières pour les morts. On sait que, dans l'opinion des Indiens, les ames qui devaient animer de nouveaux corps passaient dans la Lune, qui était un lieu d'expiation.

Dans le mois *Avani*, au natchtron *Moulon*, ou au dix–neuvième natchtron, fête

---

(1) Sonnerat, tom. 2, liv. 3, pag. 197.
(2) Niebhur, tom. 2, pag. 21—23.
(3) Sonnerat, tom. 1, pag. 293.
(4) Niebhur, tom. 2, pag. 212
(5) Sonnerat, tom. 2, ch. 5.
(6) Zend. Avest., tom. 2, pag. 487.
(7) Ulug-Beigh, Comm. de Hyde, pag. 36. Kirker Œdip., tom. 2. *Epiph. adv. Hares.*

en honneur de Chiven, et d'un miracle qu'il opéra à l'occasion d'un marché de chevaux, qui se changèrent en une espèce de renard.

Le natchtron Moulon répond au Sagittaire, monstre à corps de cheval, entre lequel et le scorpion, Firmicus place la constellation du Renard.

Au natchtron Aoton, ou au vingt-troisième qui répond au Verseau, on se baigne au bord des étangs et des rivières (1), on se fait raser, on quitte les vieux cordons pour en reprendre de neufs; on demande pardon à Dieu des péchés commis pendant l'année. C'est dans ce natchtron que commence le premier Ritou ou la première saison appelée *Sisira* dans notre Tableau. C'était là aussi que répondait l'ancien solstice d'hiver, marqué dans le Souria-Sidantha. C'était donc le renouvellement des saisons et de l'ancienne année solsticiale.

La fête de la naissance de Chrisnou, que nous avons rapportée à la page 76, d'après Niebbur, suppose que la Lune au onzième jour est dans le vingt-unième natchtron, qui est précédé du lever d'Arcturus et du Bootès, accompagné de la Vierge céleste. Cette fête est observée spécialement par les pasteurs, en mémoire de ce que Quichena fut élevé parmi eux.

Mais, suivant Sonnerat (2), c'est au huitième jour après la pleine Lune, que cette fête est célébrée pendant neuf jours, sous le nom de fête d'*Ouricati-Tirounal*.

Dans le septième mois, Arpichi, le lendemain de la nouvelle Lune, on célèbre une fête qui dure neuf jours, sous le nom de *Mahar-Naomi*, on neuvième; c'est la fête des Armes. Autrefois le Soleil et la Lune étaient alors dans le Scorpion, domicile de Mars. Le neuvième jour, cérémonie des armes; la veille de la nouvelle lune, fête en mémoire de la mort d'un géant. C'est le coucher d'Orion qui disparaît au lever du Scorpion.

Dans le mois Margazi, le onzième de la Lune, qui se trouvait dans Bharani ou dans le deuxième natchtron, on célèbre la fête de Vaïcondon-Yagadechi ou onzième. Le Vaïcondon est le nom du paradis de Vichnou, dans lequel on ne peut passer qu'en tenant la queue d'une *vache*. La Lune alors va entrer dans le Taureau, ancien signe équinoxial. Chez les Persans, le mois qui répond à ce signe du printemps, s'appelle *le mois du Paradis*.

A la pleine lune du même mois, qui répond au septième natchtron *Tirouvadiren*, on célèbre la fête de Mahargi-Tiroumangenon, révéré sous le nom de *Sababadi*.

A la pleine lune du mois Pangoumi ou de Mars, qui arrive dans le douzième natchtron, on célèbre la fête de Chiven, dieu monté sur le Bœuf: c'est le Taureau qui est consacré à ce natchtron, qui a pour paranatellon le Bootès. En ce jour, ce dieu fit jaillir des flammes de l'œil qu'il a au milieu du front. C'est le commencement de la chaleur. Ce feu consume Mamaden, dieu de l'Amour, ami de Vasanta ou de la saison du printemps, qui commence aux Poissons, dans lesquels se trouve le Soleil au mois Pangoumi; le Soleil alors éclipse de ses feux ce signe affecté à

(1) Sonn., *Ibid.*, pag. 72.
(2) *Ibid.*, pag. 72.

l'Amour et au lieu de l'exaltation de Vénus. Au natchtron Outirom, ou au douzième natchtron, qui répond aux étoiles de la Vierge, fête de Parvadi, femme de Chiven, la Cybèle des Indiens : la queue de la Grande-Ourse passe avec ce natchtron au Méridien.

Neuf jours après la pleine Lune, laquelle a lieu dans la Vierge, on fête la naissance de Rama, que plusieurs auteurs confondent avec l'inventeur du vin. La Lune, ce neuvième jour, se trouve dans le Capricorne, au vingt-unième natchtron, fixé par le passage au Méridien du Bootès, *al Rameh*, l'inventeur du vin, sous le nom d'*Icare*. Cette constellation se couche au lever de l'étoile Rohini ou des Hyades, à qui fut confiée l'éducation de Rama.

Les Indiens ont des fêtes à la fin de chaque cycle de douze ans, qui se célèbrent au mois Massi ou de Février. On en sent la raison : la première année du cycle, ou celle du Rat, répond au Verseau (1), ancien signe du solstice d'hiver, où commence le premier Ritou des Indiens, et où commençait l'ancienne année solsticiale, lorsque l'équinoxe du printemps était au Taureau.

Ils ont aussi la fête du Feu en honneur de Darmaraja, qui, comme Mithra, monte le Bœuf équinoxial.

Dans cette fête on passe sur des brasiers ardens, comme on faisait en Italie sur le mont *Soracte*, en honneur d'Apollon ou du Soleil.

Lorsque le douzième de la Lune arrive dans la constellation *Tirounavanam*, ou dans le vingt-deuxième natchtron (2), les Brahmes doivent faire des ablutions et des prières. Ce natchtron répond à la fin de la dernière saison ou du sixième Ritou. La Lune a donc été nouvelle dans le dixième natchtron, qui répond au Lion ; donc elle doit être pleine au Verseau, lieu des ablutions. Suivant le Bagawadam (3), on doit faire des prières trois jours après la pleine Lune de mai, le 7 de celle de février et le 25 de la Lune qui est en conjonction avec les constellations Outram, ou la douzième ; Outradam, la vingt-unième, et Outrady, la vingt-sixième ; toutes fixées par l'étoile Outirom ou *Septemtrio*, le Bootès et l'Arcture.

Ils destinent aux exercices de piété les nouvelles et les pleines Lunes du retour du Soleil du Nord au Sud, et du Sud au Nord ; le commencement de chacun des quartiers et le dix-neuvième jour de la lune de Cartigué ; la Lune alors est dans le Cancer, lieu de son domicile.

[AN] Je ne nie pas qu'il n'y ait eu plusieurs fois des inondations qui aient couvert d'eau d'immenses pays par des causes différentes ; que la mer n'ait autrefois submergé les terres aujourd'hui habitées ; je n'entends parler ici que de ces déluges qui portent évidemment un caractère mythologique, et qui s'expliquent sans peine par l'astronomie. Augustin, dans sa Cité de Dieu (4), cite un passage

(1) Orig. des Cult., tom. 6, part. 1, pag. 502 in-8°.
(2) Sonnerat, tom. 1, pag. 132.
(3) Bagawad, liv. 9, pag. 182.
(4) *De Civ. Dei*, liv. 21, ch. 8

de Varron, qui semble annoncer qu'il y eut un déluge réel occasionné par des corps étrangers à notre Planète, et qui peut-être passant entre la Terre et Vénus, auraient produit des perturbations dans le mouvement, des changemens dans la couleur et dans la grandeur apparente de cette dernière planète ; à moins qu'on n'ait pris pour Vénus quelque comète qui se serait approchée de la Terre.

Mais ce n'est pas là ce qui fait le sujet des chants poétiques que nous expliquons, quoique Varron appelle ce déluge, *le déluge d'Ogygès*, ou l'ancien, et qu'il cite, pour garans de ce phénomène, les astronomes ou mathématiciens Adraste de Cyzique et Dion de Naples. Encore une fois, nous ne prétendons expliquer par l'Astronomie que ce qui porte évidemment un caractère astrologique et fabuleux.

Rien ne prouve mieux les rapports que la fable indienne sur le Déluge a avec le Ciel, que l'accord qu'il y a entre les époques auxquelles on fixe cet événement mythologico-astronomique, chez tous les peuples qui ont reçu cette fable sacrée, et les positions astronomiques qui appartiennent à cette époque. Toutes nous donnent le colure solsticial dans les premières étoiles du Lion et du Verseau, et le colure équinoxial dans les premières du Taureau. Si nous croyons Censorin (1), qui cite l'autorité de Varron, on distingue trois temps : « le premier est celui » qui s'est écoulé jusqu'au Déluge ; on l'appelle obscur, et l'on ignore s'il est » ou s'il n'est pas éternel : le second est le temps fabuleux, qui est celui qui » s'est écoulé depuis le Déluge jusqu'à la première Olympiade ; on l'évalue » à peu près à 1600 ans : or comme la première Olympiade date de l'an 776 » avant notre ère, ce Déluge remonte donc à 2360 au moins ; le temps qui » s'est écoulé depuis la première Olympiade, est le seul qu'on puisse appeler » historique ». On voit par là combien était bornée la connaissance en Histoire, du plus savant des Romains.

En admettant l'évaluation de Varron, il résulte de là que le Déluge, ou plutôt que la fable diluvienne remonte à l'époque même où notre Tableau marque le commencement du règne d'Iao à la Chine, c'est-à-dire, d'un prince, sous lequel les Chinois disent qu'il y eut une inondation, et qu'on fait régner 2357 ans avant notre ère. Si l'on place la branche de l'aiguille mobile marquée *E P* sur la ligne du Tableau marquée *E P* des Chinois, on verra que la branche *S E*, ou du solstice d'été, répondra à *Regulus* ou à la belle étoile du cœur du Lion, et la branche inférieure ou *S H* répondra à la corne du Poisson, dont Vichnou prend la forme au moment du prétendu Déluge, et aux premières étoiles du Verseau ; où les Grecs placent Deucalion sauvé du Déluge (2), et les Chinois, Tchouen-Hiu, sous lequel il y eut un Déluge (3). Voilà donc une position et une forme astronomique qui s'accorde à la Chine et en Grèce, avec l'époque donnée par le

(1) *Censorin.*, ch. 21, pag. 126.
(2) *Hygin.*, liv. 2, ch. 30. *Germanic.*, ch. 26.
(3) Souciet, tom. 3, pag. 33.

calcul, soit de Varron, soit des historiens chinois, qui nous parlent d'une grande inondation sous Iao (1).

Il est encore une autre position donnée par les Egyptiens, c'est celle de *Regulus* sur le colure d'été.

Murtadi, dans sa traduction des merveilles de l'Egypte (2), rapporte, d'après d'anciens livres égyptiens, que le monde se renouvela après le Déluge, *Regulus* étant au solstice d'été : or il y est dans la position que nous donnons à notre Croix mobile, dont l'extrémité supérieure passe par *Regulus*, et l'extrémité inférieure par le Poisson à longue corne, dont Vichnou prend la forme au Déluge, et par le Verseau, signe céleste affecté à Tchouen-Hiu chez les Chinois, et à Deucalion chez les Grecs, deux princes dont le règne fut fameux par une grande inondation ; tandis que d'un autre côté la pointe $E P$ ou de l'équinoxe de printemps porte sur le degré du Zodiaque auquel avait répondu l'équinoxe de printemps, 2350 ans avant notre ère, époque à laquelle remonte le Déluge, dont parle Varron.

Ainsi les traditions de tous les peuples se réunissent à nous donner la même position des cercles cardinaux de la Sphère, qui avait lieu lorsque, dans les poëmes sur les cycles, on chanta la fin d'une période ou d'une année, et le renou-vellement de l'autre, à l'entrée du Soleil au Verseau céleste.

Cette position est postérieure à celle du monument mithriaque, ou des obser-vations des colures chez les Perses ; monument dont le type ne serait jamais parvenu jusqu'à nous, s'il eût réellement existé une inondation telle que l'ont chantée les poëtes. Certes, Deucalion n'eût pas mis un monument de Mithra dans son vaisseau ; et au moment du bouleversement général de la Terre, on ne se serait pas amusé à déterminer le lieu des colures dans le Ciel, ni la position de *Regulus*. C'est tout simplement une fable qui a été copiée par plusieurs écrivains.

Quelque opinion qu'on ait sur cet événement, on ne peut disconvenir qu'un pareil accord astronomique, aussi universel, serait étonnant, si l'Astronomie elle-même n'avait pas fourni la position chantée par les poëtes, comme elle a fourni celle du passage du Soleil dans les étoiles du Bélier, que traversera une ligne tirée dans notre Tableau, à l'époque où l'on place l'expédition des Argo-nautes, autre matière d'un poëme sur les cycles. Voilà véritablement ce qu'on peut appeler temps fabuleux, c'est-à-dire, celui où l'on faisait des fables sacrées, plutôt que de s'occuper d'écrire l'Histoire. C'est là le cycle épique.

On donna souvent à la fin des âges ou des périodes, qui terminaient un certain nombre de générations, le nom de *fin du monde*, de *déluge*, etc.

Les Mexicains avaient un cycle de 52 ans ou de 13 fois la petite période de 4 ans, ou de 1461 jours, qu'on retrouve partout sous différens noms ; et quand ce cycle s'achevait, ils appelaient cela *Consommation du Temps*, fin des siècles.

---

(1) Souciet, tom. 3, pag. 13.
(2) Trad. de Vatier, pag. 35.

Ils imaginaient, quoique l'événement prouvât le contraire, que tout devait finir avec ce cycle, par des tremblemens de terre, des déluges. En conséquence, ils brisaient leurs vases, éteignaient le feu, comme si à la fin de chaque cycle dût finir l'ancien monde ; ils veillaient toute la nuit, dans la crainte que le Soleil ne reparût plus, et ensuite ils remerciaient les Dieux d'avoir donné un nouveau Soleil au monde, et faisaient retentir la trompette en signe de joie (1). Ils avaient, sans doute, reçu ces préjugés des nations de l'Asie, et surtout des Indiens chez qui l'opinion de la destruction du monde à la fin de leurs périodes ou âges était depuis longtemps établie ; soit de l'occident de l'Europe et des Toscans (2), qui croyaient qu'à la fin de la grande année et au commencement de la nouvelle période l'ancien monde finissait, et qu'une nouvelle génération reparaissait sur la terre. Cette fin et ce renouvellement de période furent appelés *Mort et Résurrection du Phénix* chez les Egyptiens. Nous en parlerons bientôt.

Cette douleur occasionnée par la crainte de ne plus revoir le Soleil commencer une nouvelle carrière, et la joie qui bientôt lui succédait, au commencement d'une nouvelle année, donnaient lieu à des cérémonies lugubres, suivies de réjouissances chez les Egyptiens. Ces cérémonies avaient lieu au solstice d'hiver (3). Les Egyptiens paraissant craindre aussi que le Soleil qui s'éloignait d'eux, ne revînt point sur ses pas, s'abandonnaient au deuil et à la tristesse ; mais bientôt ils célébraient des fêtes de joie, dès qu'ils le voyaient remonter vers eux. On trouve la même chose dans le Nord à Noël (4). Cette crainte a dû d'abord affecter les nations barbares, avant que l'on connût la cause réelle ou apparente du mouvement du Soleil en déclinaison. Il en fut comme de la crainte qu'inspirèrent au peuple les éclipses du Soleil.

Le solstice d'hiver arriva long-temps dans l'eau du Verseau, où finissait et recommençait l'année. De là les fables sur la destruction du monde par l'eau, et les noms de Deucalion et de Tchouen-Hiu, donnés à l'homme du Verseau, deux princes sous lesquels les Grecs et les Chinois placent le déluge. Ces fictions sur la fin et sur le renouvellement du monde se trouvent chez les Scandinaves (5). Le Soleil s'éteint ; la terre se dissout, et elle est remplacée par une nouvelle terre plus brillante que la première. Les peuples du Nord célébraient la nuit du solstice d'hiver, qu'ils appelaient la *Nuit Mère*, ou la plus longue de toutes les nuits (6).

On attribue au fils de Deucalion, *Orestès*, la découverte de la vigne (7) ; il est évident que ce nom fait allusion aux côteaux où se plaît cet arbuste.

D'autres l'attribuent à Bacchus, qui a enseigné à Icare ou au Boötès céleste,

---

(1) Kirker, OEdip., tom. 3, pag. 28—29.
(2) *Plut.*, *Vit Syll.*, pag. 455.
(3) Achill. Tat., ch. 23.
(4) Mallet, ch. 7, pag. 116.
(5) *Voluspa*, stroph. 52.
(6) Mallet, ch. 7, pag. 116.
(7) Athénée, liv. 2, ch. 2.

T

qui se lève au moment des vendanges, à la cultiver ; fiction qui fait également allusion à la fonction d'astre indicatif des vendanges que faisait le Bootès, Icare uni à Erigone ou à la Vierge, dont une des étoiles s'appelle la *Vendangeuse*.

Ils se lèvent le soir avec le Vaisseau, lorsque le Soleil parcourt le Verseau, où les Grecs plaçaient Deucalion. Le Bootès et sa belle étoile l'Arcture ; la Vierge et sa belle étoile l'Epi, jouent plusieurs rôles sous des noms différens dans l'ancienne Mythologie.

Ils sont entre autres Meschia et Meschiane de la Mythologie des Perses (1). On célèbre encore aujourd'hui en Perse, le jour du coucher de l'Arcture en mai, la mort de Meschia (2). Dans notre Tableau, Maschaè est le nom du treizième natchtron qui répond à la ceinture de la Vierge. Le Bootès s'appelle *Al Awa* (3), et la maison lunaire, qui chez les Arabes répond au natchtron Maschaè, c'est A'Oua, treizième station lunaire.

[oo] Cheremon, (4) dans le passage qui sert de base à notre système d'explications, veut aussi que dans l'explication des fables astronomiques on ait égard aux phases et aux diverses positions de la Lune. Nous ne faisons donc ici rien autre chose que suivre le précepte que les anciens savans de l'Égypte nous ont donné. Il est une vérité dont le lecteur doit bien se pénétrer, c'est que quand bien même nous n'aurions qu'une seule observation bien constatée du lieu des colures dans les maisons de la Lune, qui ne les placerait pas au point initial de la division, telle que celle d'Iao, seule elle nous forcerait de remonter à une position telle, qu'une des extrémités de la croix mobile passât par la première maison, afin d'avoir l'époque à laquelle cette division du Ciel étoilé en maisons a été imaginée. C'est la montre qui marque cinq heures et qu'on doit supposer s'être éloignée de cette quantité du point du Midi sur lequel elle a été montée. Or l'époque la plus rapprochée qu'on puisse prendre pour point de départ, est celle où la pointe de l'aiguille mobile marquée *EP* est sur la queue du Cancer, et celle marquée *SH* est sur l'étoile γ du Bélier ou sur le point initial de la division : ce qui remonte à 8,684 ans.

[pp] Clément, Romain (5) après avoir rapporté la fable du Phénix, ajoute : « Nous regardons comme un miracle que le Créateur de l'univers ressuscite ceux » qui l'ont servi saintement dans la persuasion de la foi, quand nous voyons les » preuves qu'il nous donne de la magnificence de ses promesses dans un oiseau ». Presque tous les Pères disent la même chose, et tirent de la résurrection du Phénix de semblables argumens, comme ils en tiraient de la renaissance de la Lune (6).

---

(1) Origine des Cultes, tom. 5, pag. 546. Boundesh., pag. 378.
(2) Chardin.
(3) *Ibid.*, tom. 5, pag. 86.
(4) *Epist. ad Anneb.*, pag. 7. Jamblich. *de Myst.*
(5) *Epistol. ad Corinth.*, ch. 25 et 26.
(6) *Cyrill.*, *Catech.* 18, pag. 214.

On peut citer entre autres, Ambroise évêque de Milan. *Avis* (1), *in regione Arabicâ, cui nomen est Phœnix, redivivo suæ carnis humore reparabilis, cùm mortua fuerit, reviviscit : solos nos credimus resuscitari ? atqui hoc relatione crebrâ et scriptorum authoritate credimus.* Et ailleurs (2) : *Phœnix avis in Arabiœ locis perhibetur etc. ; doceat igitur nos hœc avis exemplo suo resurrectionem credere.* Tertullien (3) parle aussi de la résurrection du Phénix, dont il tire un argument pour prouver celle des Justes.

Je pourrais citer encore Grégoire de Nazianze (4), Clément (5), Cyrille (6), Eusèbe (7) et plusieurs autres écrivains chrétiens. Epiphane fait ressusciter le Phénix le troisième jour, après qu'il s'était montré au peuple, il retournait aux lieux d'où il était venu.

Ruffin (8) va même jusqu'à y trouver une preuve de l'Incarnation. « *Quid mirum videtur, si Virgo conceperit, cum orientis avem, quam Phœnicem vocant, in tantum sinè conjuge nasci vel renasci constet, ut semper et una sit, et semper sibi ipsa nascendo, vel renascendo succedat* ». Il y avait cependant des Pères assez instruits, tels que le savant évêque de Cyrène, Synesius, pour ne voir dans le Phénix que le symbole d'une période égyptienne. En parlant de certains esprits, qui s'élèvent par leurs propres forces, il ajoute qu'ils sont aussi rares que le Phénix (9), qui est, dit-il, chez les Egyptiens une mesure de période. Effectivement il n'est que cela, comme nous le ferons bientôt voir. On a beaucoup varié sur la durée de la vie du Phénix ; mais aucun des nombres donnés par les Grecs n'est une période égyptienne, ou plutôt n'est pas même une période ; tel le nombre 500 (10) qui est le plus connu, 1000 ans (11), 7600 (12), 654 (13), 340 ans, et même 12954 ans, qui sont les diverses durées assignées au retour périodique et à la vie du Phénix. On verra bientôt quelles sont les raisons qui nous ont fait donner la préférence au nombre 1461, qui est vraiment une période égyptienne, et le seul qui soit une période (14). Aucun des autres nombres répétés ou périodiquement reproduits, ne remplira exactement l'intervalle de temps écoulé entre les règnes de Sésostris, d'Amasis, de Ptolémée et de Tibère ; car aucun de ces intervalles n'est égal ; au lieu que la période de 1461 ans remonte au règne de Sésostris. Donc elle remplit toutes les conditions du problème ; d'ailleurs ce

(1) *De fid. resurrect.* ch. 8.

(2) *Hexam*, liv. 5, ch. 23.

(3) *De Resurrect.*, ch. 13.

(4) *Carm. ad Virg.*

(5) *Constitut.*, liv. 5, ch. 9.

(6) *Catech.* 18.

(7) *Constant. vit. Epiph. in Ancorat.*, pag. 534.

(8) *Ruffin, in Symbol. expos.*, pag. 548.

(9) *Synes. in Dio*, pag. 49.

(10) *Hérodot.*, liv. 2, ch. 73.

(11) *Tacite, Annal*, liv. 1, ch. 28.

(12) *Nonn. Dionys.*, liv. 40, v. 401.

(13) *Tzetès, Chil.* 5, ch. 6.

(14) *Solin.*, pag. 106.

nombre n'est pas un de ces nombres ronds qu'on prend au hasard, pour exprimer une longue durée, tels que 500 ans, 1000 ans.

Les autres nombres n'expriment pas des périodes connues, si ce n'est celle de 7600 ans, qui comprend 100 révolutions de la période callippique employée par les Chinois, ou 400 fois le cycle de Meton, qui est d'un usage très-ancien en Orient.

[99] Cette période servait à la Chronologie, en la considérant moins dans ses rapports avec l'année et les saisons, avec lesquelles elle ne pouvait pas être toujours d'accord, à cause des changemens produits sur le lever de Sirius, à raison de la précession, de la variation de sa déclinaison, et du changement de latitude sur la Terre; mais elle donnait toujours une somme de jours égale, soit qu'on fît l'année de 365 jours ¼, soit qu'on ne la fît que de 365 jours sans intercalations : en effet, 365 jours ¼, répétés 1460 fois, ou 365 jours, répétés 1461 fois, donnent une égale somme de jours, c'est-à-dire, 533,265 jours; ce qui suffit pour une période chronologique, qui doit servir d'échelle entre deux événemens, et marquer le nombre de jours écoulés entre eux, indépendamment des rapports qu'ils peuvent avoir avec le Ciel et les saisons. Cet accord avec le Ciel pouvait aisément être rétabli par des intercalations, au bout de plusieurs siècles et de plusieurs périodes; mais la Chronologie n'en avait pas besoin, et c'est à la Chronologie surtout, que fut appliquée la période Sothiaque; ainsi l'on datait de telle ou telle année du cycle Sothiaque. Concharis (1) régnait, par exemple, la sept centième année du cycle Sothiaque, qui se renouvela sous Sésostris, en 1322 : l'ancienne Chronique égyptienne évalue quinze générations à 443 années du cycle ; ce qui fait environ 30 ans pour chaque génération.

Clément d'Alexandrie fixe le règne d'Inachus à l'an 345 avant le renouvellement de cette même période (2).

On voit que cette période, pouvant être estimée en jours, était très-bonne pour la Chronologie; car le jour est l'élément de tout calcul chronologique, c'est l'unité : les heures sont les fractions, et les cycles des multiples : l'élément de la période de 1460 années était celui de 1461 jours, ou de 4 années, dont une bissextile, et de celle de 1461 ans, celui de 1460 jours.

Ce nombre 1461 jours, multiplié par 25, donne en jours 36525, nombre qu'on a pris à tort pour la durée de la révolution des fixes, tandis qu'il nous donne le siècle évalué en jours; ce qui a conduit à l'erreur qui fit croire que les fixes n'acquéraient qu'un degré de longitude en 100 ans.

On pourrait également y voir l'expression du cercle en centièmes de degré, comme font les Chinois, qui divisent le cercle en 365° ¼, et soudivisent chaque degré en 100 parties (3).

---

(1) Syncelle, pag. 103.
(2) Clément Stromat., liv. 1, pag. 335.
(3) Mém. sur la Chine, tom. 3, pag. 234, et tom. 5, pag. 44. Souciet, tom. 2, pag. 6.

Cette division du cercle en 365° ½ (1), calquée sur le mouvement présumé du Soleil, était aussi connue des Egyptiens : il ne serait donc pas étonnant qu'on eût exprimé par le nombre 36525, la durée de la restitution du Ciel au point d'Aries, c'est-à-dire, la durée de l'année en centièmes parties du jour.

Les prêtres d'Egypte tenaient si fort à cette période chronologique et à l'année vague qui en était l'élément, qu'ils obligeaient les rois, au moment de leur inauguration, de jurer de ne point toucher à l'année vague, et de n'y point introduire d'intercalations : ils y trouvaient l'avantage de faire correspondre successivement à tous les jours de l'année, pendant la durée de la période, les fêtes qui étaient fixées à tel ou tel jour de la période (2).

[*rr*] Il avait, dit Hérodote (3), dans le portrait que j'en ai vu, les ailes dorées en partie et en partie rouges ; il ressemblait parfaitement à l'aigle, quant à la forme et à la grandeur.

Aquilæ magnitudine, dit Solin (4), *capite honorato*, *in conum plumis extantibus*, *cristatis faucibus*, *circà colla fulgore aureo*, *posterâ parte purpureus*, *extrà caudam in quâ roseis pennis cœruleus interscribitur nitor.*

Aquilæ narratur magnitudine, dit Pline (5), *auri fulgore circà collum, cætera purpureus*, *cœruleam roseis caudam pennis distinguentibus*, *caputque plumeo apice cohonestante.*

On avait sans doute voulu, par ces couleurs, distinguer les nuances variées de la lumière.

[*ss*] On retrouve cette idée chez les Hébreux.

Renovabitur ut Aquilæ, juventus tua.
Psalm. 102, v. 5.

Il se trouvera tôt ou tard un homme d'esprit qui fera usage de ce Tableau, et c'est à lui que je le dédie.

---

(1) Bailly, pag. 403. Procl. Hypoth., ch. 2, pag. 389.
(2) *Schol. Germanic.*
(3) Hérod., liv. 2, ch. 73.
(4) Solin, pag. 108.
(5) Plin., liv. 10, ch. 2.

FIN DES NOTES.

ERRATA.

Page 24, ligne 29, on supposera, *lisez*, on posera.
Page 43, ligne 25, remarquées, *lisez*, marquées.
Page 59, ligne 33, cetle, *lisez* cette.
Page 72, ligne 25, signifiant, *lisez*, signifie.
Page 92, ligne 25, Pour prouver, *lisez*, On peut prouver.
Page 160, ligne 10, avec celle, *lisez*, et celles.

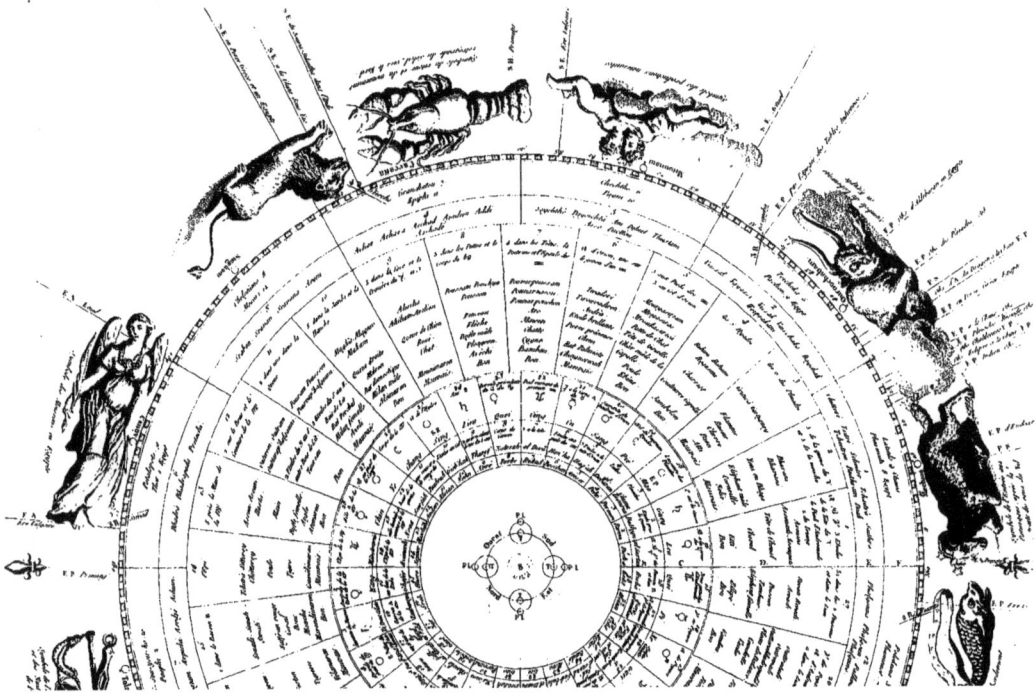

ZODIAQUE CHRONOLOGIQUE ET MYTHOLOGIQUE.

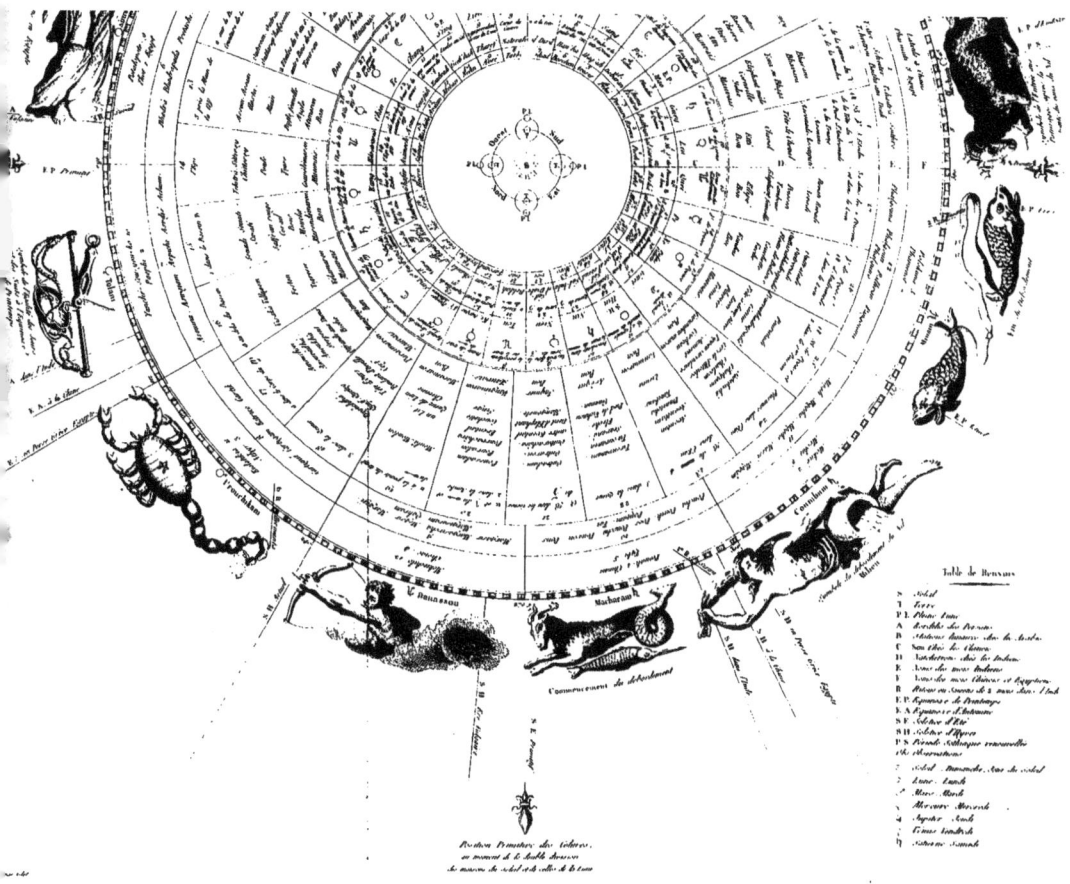

www.ingramcontent.com/pod-product-compliance
Lightning Source LLC
Chambersburg PA
CBHW071857200326
41519CB00016B/4430